科学。奥妙无穷▶

U0581550

电池的世界

DIANCHIDESHIJIE

孙炎辉 编著

中国出版集团
现代出版社

目　录

电动车的蓄电 / 83

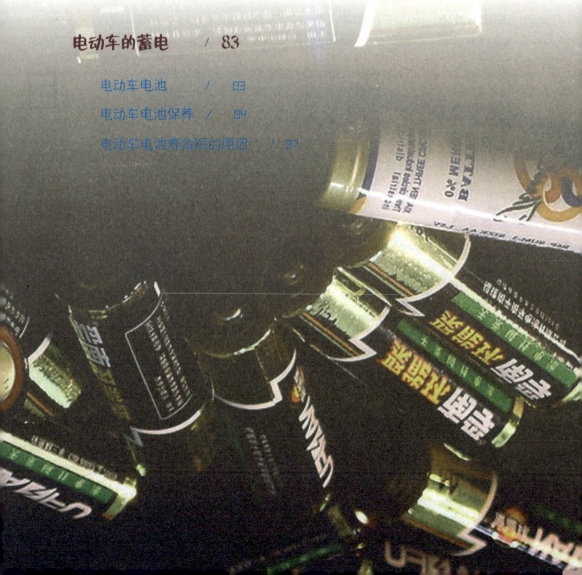

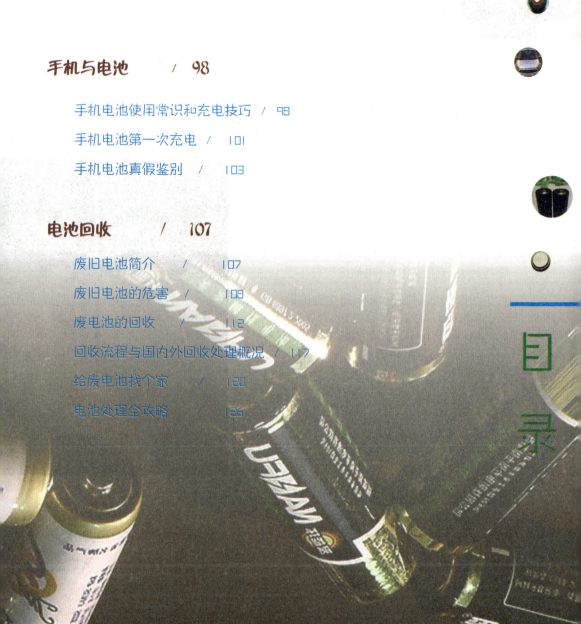

目

录

● 电池小历史

那个小小的装置，竟然可以发挥那样大的"电能量"，到底是什么原理，让小小的电池成为电"之家"？电池是怎样产生的，经过了怎样的发展历程？电池有哪些种类，有什么优点？电池缘何对环境产生污染？就让我们一起走进电池的世界吧！

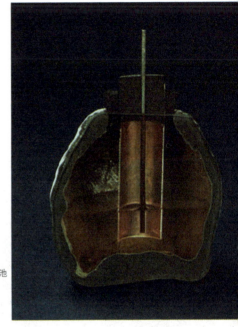

巴格达电池

电池的产生 〉

在古代，人类有可能已经不断地在研究和测试"电"这种东西了。一个被认为有数千年历史的黏土瓶在1932年于伊拉克的巴格达附近被发现。它有一根插在铜制圆筒里的铁条——可能是用来储存静电用的，然而瓶子的秘密可能永远无法被揭晓。不管制造这个黏土瓶的祖先是否知道有关静电的事情，但可以确定的是古希腊人绝对知道。他们晓得如果摩擦一块琥珀，就能吸引轻的物体。

在18世纪的四五十年代，发电装置的改善和大气电现象的研究，吸引了物理学家们的广泛兴趣，1745年，普鲁士的克莱斯特利用导线将摩擦所起的电引向装有铁钉的玻璃瓶。当他用手触及铁钉时，受到猛烈的一击。可能是在这个发现的启发下，莱顿大学的马森布罗克在1746年发明了收集电荷的"莱顿瓶"。因为他

看到好不容易收集的电却很容易地在空气中逐渐消失，他想寻找一种保存电的方法。有一天，他用一支枪管悬在空中，用起电机与枪管连着，另用一根铜线从枪管中引出，浸入一个盛有水的玻璃瓶中，他让一个助手一只手握着玻璃瓶，马森布罗克在一旁使劲摇动起电机。这时他的助手不小心将另一只手与枪管碰上，他猛然感到一次强烈的电击，喊了起来。马森布罗克于是与助手互换了一下，让助手摇起电机，他自己一手拿水瓶子，

另一只手去碰枪管。他在一封信里他描述了这次实验结果："我想告诉你一个新奇但可怕的实验事实，但我警告你无论如何也不要再重复这个实验。……把容器放在右手上，我试图用另一只手从充电的铁柱上引出火花。突然，我的手受到了一下力量很大的打击，使我的全身都震动了……手臂和身体产生了一种无法形容的恐怖感觉。一句话，我以为我命休矣。"虽然马森布罗克不愿再做这个实验，但他由此得出结论：把带电体放在玻

璃瓶内可以把电保存下来。只是当时搞不清楚起保存电作用的究竟是瓶子还是瓶子里的水，后来人们就把这个蓄电的瓶子称作"莱顿瓶"，这个实验称为"莱顿瓶实验"。这种"电震"现象的发现轰动一时，极大地增加了人们对莱顿瓶的关注。

马森布罗克的警告起了相反的作用，人们在更大规模地重复进行着这种实验，有时这种实验简直成了一种娱乐游戏。人们用莱顿瓶做火花放电杀老鼠的表演，有人用它来点酒精和火药。其中规模最壮观的一次示范表演是法国人诺莱特在巴黎圣母院前做的。诺莱特邀请了法王路易十五的皇室成员临场观看表演。他调来了700个修道士，让他们手拉手排成一行，全长达900英尺，约275米，队伍十分壮观。

让排头的修道士用手拿住莱顿瓶，排尾的修道士手握莱顿瓶的引线，接着让莱顿瓶起电，结果700个修道士因受电击几乎同时跳了起来，在场的人无不为之目瞪口呆。诺莱特以令人信服的语气向人们解释了电的巨大威力。后来人们很快又把电用于医学，将起电机产生的电通过病人身体，用于治疗半身不遂、神经痛等病症。这种治疗方法一直使用，直到人们弄明白电的作用后，才停止下来。

1786年，意大利解剖学家伽伐尼在做青蛙解剖时，两手分别拿着不同的金属器械，无意中同时碰在青蛙的大腿上，青蛙腿部的肌肉立刻抽搐了一下，仿佛受到电流的刺激，而只用一种金属器械去触动青蛙，却并无此种反应。伽伐尼认为，出现这种现象是因为动物躯体内部产生的一种电，他称之为"生物电"。伽伐尼于1791年将此实验结果写成论文，公布于学术界。

伽伐尼的发现引起了物理学家们极大兴趣，他们竞相重复伽伐尼的实验，企图找到一种产生电流的方法，意大利物理学家伏特在多次实验后认为：伽伐尼的"生物电"之说并不正确，青蛙的肌肉之所以能产生电流，大概是肌肉中某种液体在起作用。为了论证自己的观点，伏特把两种不同的金属片浸在各种溶液中进行试验。结果发现，这两种金属片中，只要有一种与溶液发生了化学反应，金属片之间就能够产生电流。

伏特

1799年，伏特把一块锌板和一块银板浸在盐水里，发现连接两块金属的导线中有电流通过。于是，他就把许多锌片与银片之间垫上浸透盐水的绒布或纸片，平叠起来。用手触摸两端时，会感到强烈的电流刺激。伏特用这种方法成功地制成了世界上第一个电池——"伏特电堆"。这个"伏特电堆"实际上就是串联的电池组。它成为早期电学实验、电报机的电力来源。

为了证明自己的发现是对的，伏特决定更深入地了解电的来源。一天，他拿出一块锡片和一枚银币，把这两种金属放在自己的舌头上，然后叫助手将金属导线把它们连接起来，霎时，他感到满嘴的酸味儿。接着，他将银币和锡片交换了位置，当助手将金属导线接通的一瞬间，伏特感到满嘴的咸味。

作为物理学家，他的注意点主要集中在那两根金属上，而不在青蛙的神经

上。对于伽伐尼发现的蛙腿抽搐的现象，他想这可能与电有关，但是他认为青蛙的肌肉和神经中是不存在电的，他推想电的流动可能是由两种不同的金属相互接触产生的，与金属是否接触活动的或死的动物无关。实验证明，只要在两种金属片中间隔以用盐水或碱水浸过的（甚至只要是湿的）硬纸、麻布、皮革或其他海绵状的东西（他认为这是使实验成功所必须的），并用金属线把两个金属片连接起来，不管有没有青蛙的肌肉，都会有电流通过。这就说明电并不是从蛙的组织中产生的，蛙腿的作用只不过相当于一个非常灵敏的验电器而已。

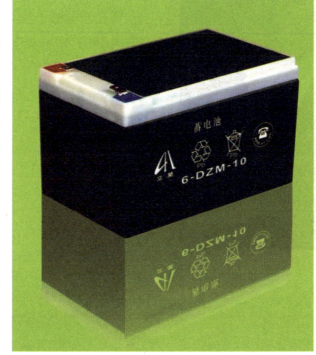

1836年，英国的丹尼尔对"伏特电堆"进行了改良。他使用稀硫酸作电解液，解决了电池极化问题，制造出第一个不极化、能保持平衡电流的锌—铜电池，又称"丹尼尔电池"。此后，又陆续有去极化效果更好的"本生电池"和"格罗夫电池"等问世。但是，这些电池都存在电压随使用时间延长而下降的问题。

1860年，法国的普朗泰发明出用铅作电极的电池。这种电池的独特之处是，当电池使用一段时间电压下降时，可以给它通以反向电流，使电池电压回升。因为这种电池能充电，可以反复使用，所以称它为"蓄电池"。

然而，无论哪种电池都需在两个金属板之间灌装液体，因此搬运很不方便，特别是蓄电池所用液体是硫酸，在挪动时很危险。也是在1860年，法国的雷克兰士还发明了世界广受使用的电池（碳锌电池）的前身。它的负极是锌和汞的合金棒（锌—伏特原型电池的负极，经证明是作为负极材料的最佳金属之一），而它的正极是以一个多孔的杯子盛装着碾碎的二氧化锰和碳的混合物。在此混合物中插有

一根碳棒作为电流收集器。负极棒和正极棒都被浸在作为电解液的氯化铵溶液中。此系统被称为"湿电池"。雷克兰士制造的电池虽然简陋但便宜，所以一直到1880年才被改进的"干电池"取代。负极被改进成锌罐（即电池的外壳），电解液变为糊状而非液体，基本上这就是现在我们所熟知的碳锌电池。

电池发明史 〉

1887年，英国人赫勒森发明了最早的干电池。干电池的电解液为糊状，不会溢漏，便于携带，因此获得了广泛应用。

1890年Thomas Edison发明可充电的铁镍电池。

1896年在美国批量生产干电池。

1896年发明D型电池。

1899年Waldmar Jungner发明镍镉电池。

1910年可充电的铁镍电池开始商业化生产。

1911年中国建厂生产干电池和铅酸蓄电池（上海交通部电池厂）。

1914年Thomas Edison发明碱性电池。

1934年Schlecht 和 Akermann发明镍镉电池烧结极板。

1947年Neumann开发出密封镍镉电池。

1949年Lew Urry (Energizer) 开发出小型碱性电池。

1954年Gerald Pearson, Calvin Fuller 和 Daryl Chapin 开发出太阳能电池。

1956年Energizer.制造第一个9伏电池。

1956年中国建设第一个镍镉电池工厂（风云器材厂755厂）。

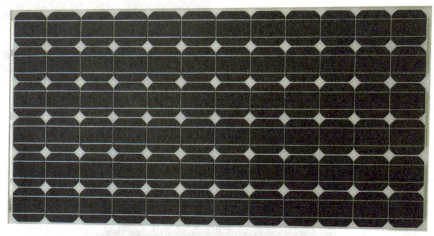

太阳能电池

锂电池

1960年前后Union Carbide.商业化生产碱性电池，中国开始研究碱性电池（西安庆华厂等3家合作研发）。

1970年前后出现免维护铅酸电池。

1970年前后一次锂电池实用化。

1976年Philips Research的科学家发明镍氢电池。

1980年前后开发出稳定的用于镍氢电池的合金。

1983年中国开始研究镍氢电池（南开大学）。

1987年中国改进镍镉电池工艺，采用发泡镍，电池容量提升40%。

1987年前中国商业化生产一次锂电池。

1989年中国镍氢电池研究列入国家计划。

1990年前出现角型（口香糖型）电池。

1990年前后镍氢电池商业化生产。

1991年Sony.可充电锂离子电池商业化生产。

1992年Karl Kordesch，Josef Gsellmann 和 Klaus Tomantschger 取得碱性充电电池专利。

1992年Battery Technologies, Inc.生产碱性充电电池。

1995年中国镍氢电池商业化生产初具规模。

1999年可充电锂聚合物电池商业化生产。2000年中国锂离子电池商业化生产。

2000年后燃料电池，太阳能电池成为全世界瞩目的新能源。

"发电"鱼与电池的故事

一天，一支渤海湾的远洋作业船队开到东海渔区赶鱼汛，在排除水下故障时，检修员遇到了这样一种奇怪的情况：刚刚潜到水下，无意间触到了什么东西，突然四肢麻木，浑身战栗。当地渔民告诉他们，这是栖居在海洋底部的一种软骨鱼——电鳐在作怪。电鳐，身长60厘米，扁平的身子，头和胸部连在一起，拖着一条棒槌状肉滚的尾巴，看上去很像一柄大蒲扇。因为吃过它的亏，小伙子们眼巴巴地瞅着这怪物，想不出用什么法子来对付它。随船的当地渔民却毫不在意，伸手把它从网上弄下来，丢在甲板上。原来，由于落网时连续放电，这时，这个"活的发电机"已经精疲力尽了。

其实，放电的本能并不只是电鳐才有。目前已发现有500多种鱼，其体内都装有"发电机"，能够发出电流。一只最大的电鳐，每秒钟能放电150次，有时放出的电压高达220伏。非洲电鲶每条能产生350伏的电压，可以击死小鱼。南美洲的电鳗更是电鱼中发电功率最高的一种，每一条能发出高达800多伏的电。有人计算过，1万只电鳗同时放的电，可供电车走几分钟。

电鱼都具有一套类似于我们常见的蓄电池结构的发电器官，它是由肌肉细胞演变而成的。这些犹如蜂窝状的发电器官是由许多块"电板"所组成。一般电鱼体中的"电板"为扁平状，厚度只有7—10微米，直径可至4—8毫米。

"电板"分为两面：一面较为光滑，直接与神经系统相连；另一面则凹凸不平，无神经。"电板"和原来的肌肉细胞一样，具有膜外带正电，膜内带负电的静息电位。

一旦神经系统传来一个指令信号时，"电板"的一面产生急转电势，而另一面不受神经控制，仍是原来的静息电位状态。由此，"电板"两面的电荷出现了不对称，因而产生了电流。

有趣的是，世界上最早、最简单的电池——伏特电堆，就是19世纪初意大利物理学家伏特，根据电鳐和电鳗的电器官设计出来。

● 电池原理

电池原理 〉

在化学电池中，化学能直接转变为电能是靠电池内部自发进行氧化、还原等化学反应的结果，这种反应分别在两个电极上进行。负极活性物质由电位较负并在电解质中稳定的还原剂组成，如锌、镉、铅等活泼金属和氢或碳氢化合物等。

正极活性物质由电位较正并在电解质中稳定的氧化剂组成，如二氧化锰、二氧化铅、氧化镍等金属氧化物，氧或空气，卤素及其盐类，含氧酸及其盐类等。电解质则是具有良好离子导电性的材料，如酸、碱、盐的水溶液，有机或无机非水溶液、熔融盐或固体电解质等。当外电路断开时，两极之间虽然有电位差(开路电压)，但没有电流，存储在电池中的化学能并不转换为电能。当外电路闭合时，在两电极电位差的作用下即有电流流过外电路。同时在电池内部，由于电解质中不存在自由电子，电荷的传递必然伴随两极活性物质与电解质界面的氧化或还原反应，以及反应物和反应产物的物质迁移。电荷在电解质中的传递也要由离子的迁移来完成。因此，电池内部正常的电荷传递和物质传递过程是保证正常输出电能

的必要条件。充电时，电池内部的传电和传质过程的方向恰与放电相反；电极反应必须是可逆的，才能保证反方向传质与传电过程的正常进行。因此，电极反应可逆是构成蓄电池的必要条件。实际上，当电流流过电极时，电极电势都要偏离热力学平衡的电极电势，这种现象称为极化。电流密度（单位电极面积上通过的电流）越大，极化越严重。极化现象是造成电池能量损失的重要原因之一。极化的原因有三：①由电池中各部分电阻造成的极化称为欧姆极化；②由电极—电解质界面层中电荷传递过程的阻滞造成的极化称为活化极化；③由电极—电解质界

面层中传质过程迟缓而造成的极化称为浓差极化。减小极化的方法是增大电极反应面积、减小电流密度、提高反应温度以及改善电极表面的催化活性。

性能参数〉

电池的主要性能包括电动势、额定容量、额定电压、开路电压、内阻、充放电速率、阻抗、寿命和自放电率。

电动势是两个电极的平衡电极电位之差，以铅酸蓄电池为例，$E=\Phi+0-\Phi-0+RT/F\times\ln(\alpha H_2SO_4/\alpha H_2O)$。

其中：

E—电动势

$\Phi+0$—正极标准电极电位，其值为1.690

$\Phi-0$—负极标准电极电位，其值为-0.356

R—通用气体常数，其值为8.314

T—温度，与电池所处温度有关

F—法拉第常数，其值为96500

αH_2SO_4—硫酸的活度，与硫酸浓度有关

αH_2O—水的活度，与硫酸浓度有关

从上式中可看出，铅酸蓄电池的标准电动势为$1.690-(-0.0.356)=2.046V$，因此蓄电池的标称电压为2V。铅酸蓄电池的电动势与温度及硫酸浓度有关。

额定容量。在设计规定的条件（如温度、放电率、终止电压等）下，电池应能放出的最低容量，单位为安培小时，以符号C表示。容量受放电率的影响较大，所

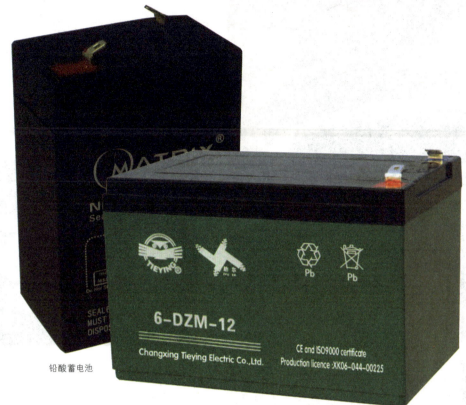

铅酸蓄电池

以常在字母C的右下角以阿拉伯数字标明放电率,如$C_{20}=50$,表明在20时率下的容量为50安·小时。电池的理论容量可根据电池反应式中电极活性物质的用量和按法拉第定律计算的活性物质的电化学当量精确求出。由于电池中可能发生的副反应以及设计时的特殊需要,电池的实际容量往往低于理论容量。

额定电压。电池在常温下的典型工作电压,又称标称电压。它是选用不同种类电池时的参考。电池的实际工作电压随不同使用条件而异。电池的开路电压等于正、负电极的平衡电极电势之差。它只与电极活性物质的种类有关,而与活性物质的数量无关。电池电压本质上是直流电压,但在某些特殊条件下,电极反应所引起的金属晶体或某些成相膜的相变会造成电压的微小波动,这种现象称为噪声。波动的幅度很小但频率范围很宽,故可与电路中自激噪声相区别。

开路电压。电池在开路状态下的端电压称为开路电压。电池的开路电压等于电池在断路时（即没有电流通过两极时）电池的正极电极电势与负极的电极电势之差。电池的开路电压用V开表示，即V开=Φ+-Φ-，其中Φ+、Φ-分别为电池的正负极电极电位。电池的开路电压，一般均小于它的电动势。这是因为电池的两极在电解液溶液中所建立的电极电位，通常并非平衡电极电位，而是稳定电极电位。一般可近似认为电池的开路电压就是电池的电动势。

内阻。电池的内阻是指电流通过电池内部时受到的阻力。它包括欧姆内阻和极化内阻，极化内阻又包括电化学极化内阻和浓差极化内阻。由于内阻的存在，电池的工作电压总是小于电池的电动势或开路电压。电池的内阻不是常数，在充放电过程中随时间不断变化（逐渐变大），这是因为活性物质的组成，电解液的浓度和温度都在不断地改变。欧姆内阻遵守欧姆定律，极化内阻随电流密度

增加而增大,但不是线性关系。常随电流密度增大而增加。

内阻是决定电池性能的一个重要指标,它直接影响电池的工作电压,工作电流,输出的能量和功率,对于电池来说,其内阻越小越好。

充放电速率。有时率和倍率两种表示法。时率是以充放电时间表示的充放电速率,数值上等于电池的额定容量(安·小时)除以规定的充放电电流(安)所得的小时数。倍率是充放电速率的另一种表示法,其数值为时率的倒数。原电池的放电速率是以经某一固定电阻放电到终止电压的时间来表示。放电速率对电池性能的影响较大。

阻抗。电池内具有很大的电极——电解质界面面积,故可将电池等效为一大电容与小电阻、电感的串联回路。但实

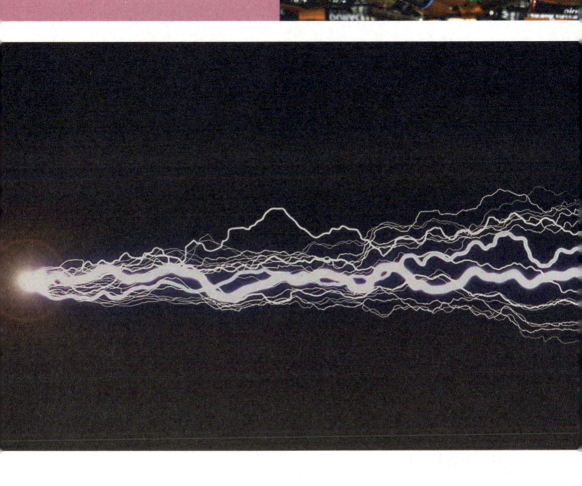

际情况复杂得多,尤其是电池的阻抗随时间和直流电平而变化,所测得的阻抗只对具体的测量状态有效。

寿命。储存寿命指从电池制成到开始使用之间允许存放的最长时间,以年为单位。包括储存期和使用期在内的总期限称电池的有效期。储存电池的寿命有干储存寿命和湿储存寿命之分。循环寿命是蓄电池在满足规定条件下所能达到的最大充放电循环次数。在规定循环寿命时必须同时规定充放电循环试验的制度,包括充放电速率、放电深度和环境温度范围等。

自放电率。电池在存放过程中电容量自行损失的速率。用单位储存时间内自放电损失的容量占储存前容量的百分数表示。

电池的型号 ＞

电池的型号一般分为：1、2、3、5、7号，其中5号和7号尤为常用。ＡＡＡＡ型号少见，一次性的ＡＡＡＡ劲量碱性电池偶尔还能见到，一般是笔记本电脑里面用的。标准的ＡＡＡＡ(平头)电池高度41.5±0.5mm，直径8.1±0.2mm。

ＡＡＡ型号电池就比较常见，以前的MP3用的多是ＡＡＡ电池，标准的ＡＡＡ(平头)电池高度43.6±0.5mm，直径10.1±0.2mm。

ＡＡ型号电池更是人尽皆知，数码相机、电动玩具都少不了ＡＡ电池，标准的ＡＡ(平头)电池高度48.0±0.5mm，直径14.1±0.2mm。

只用一个Ａ表示型号的电池不常见，这一系列通常作电池组里面的电池芯，老摄像机的镍镉、镍氢电池，几乎都是4/5A，或者4/5SC的电池芯。标准的Ａ(平头)电池高度49.0±0.5mm，直径16.8±0.2mm。

SC型号也不常见，一般是电池组里面的电池芯，多在电动工具和摄像机以及进口设备上能见到，标准的SC(平头)电池高度42.0±0.5mm，直径22.1±0.2mm。

C型号也就是二号电池，标准的C(平头)电池高度49.5±0.5mm，直径25.3±0.2mm。

D型号就是一号电池，用途广泛，民用、军工、特异型直流电源都能找到D型电池，标准的D(平头)电池高度59.0±0.5mm，直径32.3±0.2mm。

N型号不常见，标准的N(平头)电池高度28.5±0.5mm，直径11.7±0.2mm。

F型号电池，现在是电动助力车、动力电池的新一代产品，大有取代铅酸免维护蓄电池的趋势，一般都是作电池芯。标准的F(平头)电池高度89.0±0.5mm，直径32.3±0.2mm。

还有一种型号表示方法，是五位数字，例如，14500、17490、26500，前两位数字是指池体直径，后三位数字是指池体高，例如14500就是指AA电池，即大约14mm直径，50mm高。

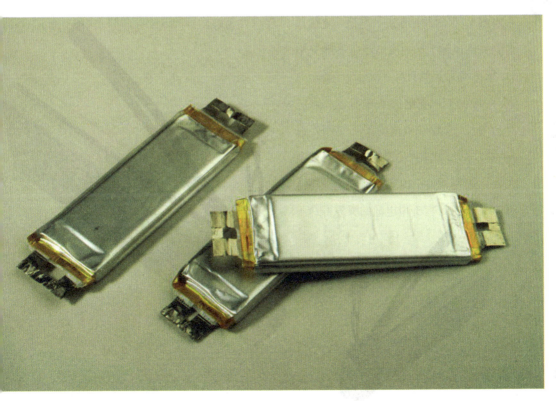

DICHIDESHIJIE

● 电池的寿命

电池的服务寿命 〉

电池的寿命以技术理论讲就是长期共存循环寿命,以铅酸电池12V10Ah为例,国标为350次充放电循环,目前市场上较好的产品如天能和超威达到370次以上,正常情况下,电池输出容量低于稳定容量的60%,电池寿命终止。

电池是一种化学物质,因而也是有一定服务寿命的,诸如干电池(包括普通的碱性电池)等一次电池是不能充电的,服务寿命当然只有一次。对于充电电池,一般我们以充电次数来衡量其服务寿命的长短。镍镉电池的循环使用寿命在 300—700 次左右,镍氢电池的可充电次数一般为 400—1000 次,锂离子电池为 500—800 次。充电电池的服务寿命不仅受制作电池采用的原料、 制作工艺等因素的影响,还与电池的充放电方法及实际使用情况有密切关系。例如,某人于1985 年开始使用的6节HITACHI(日立)镍镉电池,一直到现在还在继续使用,只是电池容量有些降低了。看来,只要使用方法合理,充电电池是完全可以达到甚至大大超过标称的服务寿命的。

影响电池寿命的因素有哪些 〉

影响电池寿命除了电池自身质量外，用户的使用习惯影响很大，长期充电放置，经常过放电、过充电和大电流放电都会严重影响电池寿命，特别是铅酸电池影响更大。

从理论上讲，电池的容量和寿命是成反比关系的，过分追求电池的容量即电动车的续行里程会严重影响电池的寿命，铅晶电池不追求初期容量，而是通过多次充放电循环以后，电解液和极板完全反应达到最佳状态来提高电池的容量，并且保证了电池的使用寿命。

电池的世界

锂离子电池只能充放电500次？ >

DICHIDESHIJIE

  相信绝大部分消费者都听说过，锂电池的寿命是"500次"，500次充放电，超过这个次数，电池就"寿终正寝"了，许多朋友为了能够延长电池的寿命，每次都在电池电量完全耗尽时才进行充电，这样对电池的寿命真的有延长作用吗？答案是否定的。锂电池的寿命是"500次"，指的不是充电的次数，而是一个充放电的周期。

  一个充电周期意味着电池的所有电量由满用到空，再由空充到满的过程，这并不等同于充一次电。比如说，一块锂电在第一天只用了一半的电量，然后又为它充满电。如果第二天还如此，即用一半就充，总共两次充电下来，这只能算作一个充电周期，而不是两个。因此，通常可能要经过好几次充电才完成一个周期。每完成一个充电周期，电池容量就会减少一点。不过，这个电量减少幅度非常小，高品质的电池充过多次周期后，仍然会保留原始容量的80%，很多锂电供电产品在经过两三年后仍然照常使用。当然，锂电寿命到了最终仍是需要更换的。而所谓500次，是指厂商在恒定的放电深度

锂离子电池

（如80%）实现了625次左右的可充次度，达到了500个充电周期。

而由于实际生活的各种影响，特别是充电时的放电深度不是恒定的，所以"500个充电周期"只能作为参考电池寿命。

寿命及影响因素：

锂电池一般能够充放300—500次。最好对锂电池进行部分放电，而不是完全放电，并且要尽量避免经常的完全放电。一旦电池下了生产线，时钟就开始走动。不管你是否使用，锂电池的使用寿命都只在最初的几年。电池容量的下降是由于氧化引起的内部电阻增加（这是导致电池容量下降的主要原因）。最后，电解槽电阻会达到某个点，尽管这时电池充满电，但电池不能释放已储存的电量。

锂电池的老化速度是由温度和充电状态而决定的。高充电状态和增加的温度加快了电池容量的下降。如果可能的话，尽量将电池充到40%放置于阴凉地方。这样可以在长时间的保存期内使电池自身的保护电路运作。如果充满电后将电池置于高温下，这样会对电池造成极大的损害。（因此当我们使用固定电源的时候，此时电池处于满充状态，温度一般是在25—30°C之间，这样就会损害电池，引起其容量下降）。

锂离子电动车

影响因素1：放电深度与可充电次数

由实验得出的数据可以知道，可充电次数和放电深度有关，电池放电深度越深，可充电次数就越少。

可充电次数×放电深度=总充电周期完成次数，总充电周期完成次数越高，代表电池的寿命越高，即可充电次数×放电深度＝实际电池寿命（忽略其他因素）

影响因素2：过充、过放以及大的充电和放电电流

避免对电池产生过充，锂离子电池任何形式的过充都会导致电池性能受到严重破坏，甚至爆炸。

避免低于2V或2.5V的深度放电，因为这会迅速永久性损坏锂离子电池。可能发生内部金属镀敷，这会引起短路，使电池不可用或不安全。

大多数锂离子电池在电池组内部都有电子电路，如果充电或放电时电池电压低于2.5V、超过4.3V或如果电池电流超

过预定门限值，该电子电路就会断开电池连接。

避免大的充电和放电电流，因为大电流给电池施加了过大的压力。

影响因素3: 过热或过冷环境

温度对锂电池寿命也有较大的影响。冰点以下环境有可能使锂电池在电子产品打开的瞬间烧毁，而过热的环境

则会缩减电池的容量。因此，如果笔记本电脑长期使用外接电源也不将电池取下来，电池就长期处于笔记本排出的高热当中，很快就会报废。

影响因素4: 长时间满电、无电状态

过高和过低的电量状态对锂电池的寿命有不利影响。大多数售卖电器或电池上标识的可反复充电次数，都是以放电80%为基准测试得出的。实验表明，对于一些笔记本电脑的锂电池，经常让电池电压超过标准电压0.1伏特，即从4.1伏上升到4.2伏，那么电池的寿命会减半，再提高0.1伏，则寿命减为原来的1/3；给电池充电充得越满，电池的损耗也会越大。长期低电量或者无电量的状态则会使电池内部对电子移动的阻力越来越大，导致电池容量变小。锂电池最好是处于电量的中间状态，那样的话电池寿命最长。

由上可以总结出以下

几点可延长锂电池容量和寿命的注意事项。

1.如果长期用外接电源为笔记本电脑供电,或者电池电量已经超过80%,马上取下电池。平时充电不需将电池充满,充至80%左右即可。调整操作系统的电源选项,将电量警报调至20%以上,平时电池电量最低不要低于20%。

2.手机等小型电子设备,充好电就应立刻断开电源线(包括充电功能的USB接口),一直连接会损害电池。要经常充电,但不必非得把电池充满。

3.无论是对笔记本还是手机等,都一定不要让电池耗尽(自动关机)。

4.如果要外出旅行,可把电池充满,但在条件允许的情况下随时为电器充电。

5.使用更为智能省电的操作系统。

扣式锂离子电池

在寒冷的环境下保护电池的技巧

　　许多寒冷天气下拍摄的问题是没有采取正确的程序。有三种不同的情况：1. 从温暖舒适的房间或者汽车中取出相机进入寒冷的户外，要怎么处理。2. 在寒冷的户外拍摄要怎么做。3. 相机回到温暖舒适的房间或车里要如何处理。

　　户外的主要问题是电池的电力丧失。相机电池产生电能的物理和化学方法在低温下都可能失效。在今天，对所有依靠电池动力的自动相机，这是一个相当严重问题。当拿着照相机和闪光灯进入低温环境的时候，电池电力的丧失要怎么应对？首先要让照相机和闪光灯尽可能地保温，在户外尽量把它们放在贴近身体的地方，比如外套里面。除了短暂的拍照，尽量用体温给它们保持温度。另外也可以使用机械快门，润滑油被冻住而无法工作的可能也会大大降低。然后考虑到在寒冷中电池力的丧失。外出时，要尽可能多带些备用电池并尽量贴近身体保存，比如放在有利于吸收体温的衬衣的口袋。当相机或闪光灯电池开始失效时，能及时更换温暖的新电池。

　　在室外，尽量保持相机和闪光灯的温度。比如当静候远处小山上野生动物的出现。安放好三脚架，如果可能把相机放在怀里，直到准备拍摄。在这种情况下用快装云台是非常方便的。当看到拍摄对象的时候，可以把相机快速准确地放在三脚架上。一只冰冷的三脚架能够继续工作，但是，一台冰冷的照相机可能根本无法工作。一些非常耗电的数字照相机，在寒冷的天气中经常迅速地突然失灵。办法只有准备更多的电池。如果发现电池失效，一定要有备用的电池。

31

● 电池充电与充电电池

电池的充电 〉

不同电池各有特性，用户必须依照厂商说明书指示的方法进行充电。在待机备用状态下，电话也要耗费电池，如果要进行快速充电，宜先将手机关闭或把电池拆下进行充电。

快速充电。有些自动化的智能型快速充电器当指示灯信号转变时，只表示充满了90%，充电器会自动改用慢速充电将电池完全充满。用户最好将电池完全充满后使用，否则会缩短使用时间。

电池记忆效应。如果电池属镍镉电池，长期不彻底充、放电，会在电池内留下痕迹，降低电池容量，这种现象被称为电池记忆效应。

定期消除记忆。方法是把电池完全放电，然后重新充满。放电可利用放电器或具有放电功能的充电器，也可以利用手机待机备用模式，如要加速放电可把显示屏及电话按键的照明灯打开。要确保电池能重新充满，应依照说明书的指示来控制时间，重复充、放电两至三次。

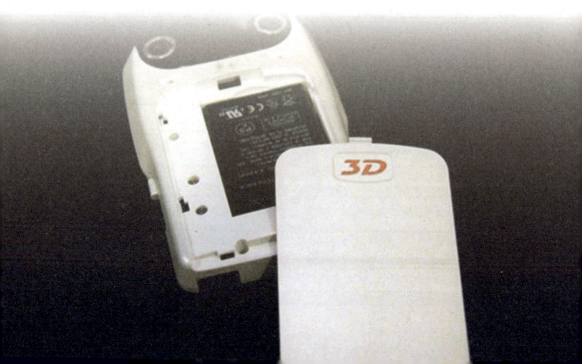

碱锰可充电电池最新技术 〉

可充碱性锌锰电池可通过充电获得重复使用的一种改进型碱性锌锰电池，简称RAM。该种电池的结构和制造工艺过程与碱性锌锰电池基本相同。

为实现可再充电，该电池在碱性锌锰电池的基础上作了改进：1.改善正极结构，提高正极环强度或加入黏接剂等添加剂，防止正极在充放电时发生溶胀；2.通过正极掺杂，提高二氧化锰的可逆性；3.控制负极活性物质锌的用量，控制二氧化锰只能以电子放电；4.改良隔离层，防止电池充电时产生锌枝晶穿透隔离层发生短路。

可充碱性锌锰电池的充放电循环性

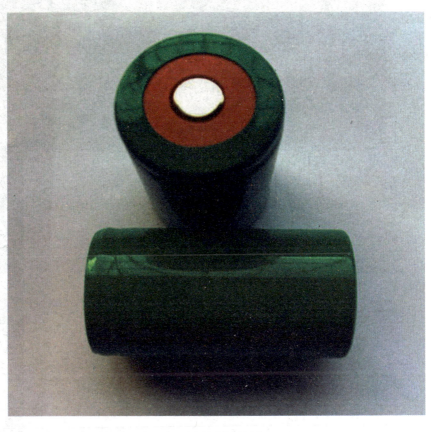

能相对传统二次电池差，充放电制度对电池的循环寿命影响很大。目前，全充放电循环使用寿命只有50次左右。使用该种电池时不可过放电，浅放电可大幅度提高电池的循环寿命。

由于电池的循环寿命较短，发展受到制约，全球仅有美国、加拿大的几家公司规模化生产，我国也生产该类电池，但生产量和出口量较小。

5000年不用充电的电池

生活中，你肯定在为你的手机电量是否充足、是否要马上充电等问题而操心劳神，所以，如果给你一块几个月都不需要充电的电池，你马上会高兴起来，如果给你一块你一辈子都不用充电的电池，你会不会惊讶万分？如果给你一块几百代人都不用充电的电池，你会不会觉得这是神话？告诉你，美国科学家就创造出了这个神话。

那么神话是怎么创造出来的呢？原来，早些时候，科学家就发现，当放射性物质衰变时，就能够释放出带电粒子，如果采取一定特殊的办法，就能够把带电粒子驯服归拢起来，形成电流。后来科学家依照这个发现和放电原理，发明了大型的核电池，用于工业和航天业。如在航天领域，可把核电池安装在太阳能不够用的探测卫星上，或安装在发射到太阳系外的无人飞船上。遗憾的是，因核电池必须装有一个收集带电粒子的固体半导体，但由于辐射的作用，固体半导体很快就会受损，而为了降低受损程度，核电池就必须做得足够大。正因为核电池变小很难，所以它就很

难在小型或微型电子设备上派上用场，自然也就很难把它做成手机电池了。

直到最近，情况有了转机，美国科学家想出了为核电池"瘦身"的妙计，他们把核电池内易受损的固体半导体换成了不易受损的液体半导体，这样不但能完成收集带电粒子的使命，而且还可以大幅度"瘦身"，真可谓是一举两得。按照新思路研发出的圆形核电池直径有1.95厘米，厚才1.55毫米，仅仅比1美分硬币大一点点，但其电力是普通化学电池的100万倍。

科学家认为，在遥远的未来，微型核电池将被广泛使用到小型和微型电子系统，比如说用于分析血样的微型电子仪里。因核电池提供电能的时间非常长，到那时，只需要一个硬币大小的电池，就可以让我们的手机5000年不用充电。另外，像正在流行的电动车的电池，也有望实现让人至少一辈子不用充电的梦想。至于核电池是否会出现核污染问题，科学家指出，这个问题早在发明它的时候就解决了，人们不必为此担忧。

充电电池的6大讹传 >

• 讹传一: 新电池的激活

新电池应该用循环充放电的方式来激活电池的性能。

真相: 准确地说上述说法并不是谣传。电池从出厂到用户手中存在一个时间差, 短则一个月、长则半年。对于时间差较长的电池, 其电极材料会钝化, 因此厂商建议初次使用的电池最好进行3—5次完全充放电过程, 以便消除电极材料的钝化, 达到最大容量。但通常厂商都没有注意提醒消费者, 这里所说的完全充放电不应该是深度放电, 而应该控制在5%—8%即可。否则一块新电池很有可能会报废。

• 讹传二: 前三次充电

当一块新电池买回后, 最好进行三次循环充放电, 充电时间应该超过12小时, 以便激活电池最大效能。

真相: 镍氢电池为了达到最完美的饱和状态, 需要经过补充和涓流过程, 这个时间一般在5小时左右。而

目前锂离子电池的恒流、恒压充电特性更是将其深充电时间控制在4小时以内。一旦充满, 电池内部的保护电路便会自动停止充电, 因此这种做法是不科学也没有实际意义的。

有人曾用手机做过试验。在用旅充充

电器将电池充满后，转用座充充电器来确认电池的饱和程度。当他发现座充充电器仍然对电池进行充电时，便认为电池仍未达到饱和状态。其实这个测试方法欠缺严谨。原因在于，座充充电器的指示灯并不是检测真正饱和与否的唯一标准，座充充电器的基准电压不一定等于手机的基准电压，因此当手机认为电池达到饱和状态时，

座充充电器也许并不这么认为，依然进行充电，但是否充进去，就只有它自己知道了。

• 讹传三：最佳状态

只要充电电池使用得当，就会在某一段循环范围内出现最佳状态，达到最大容量。

例如早期的镍氢、镍镉电池，如果使用得当，定期维护，会在 10—200 个循环点中达到其容量的最大值（出厂容量为 1000mAh 的镍氢电池在循环 100 次后，容量有可能达到 1100mAh）。

真相：这种说法在日系产品电池中比较常见，在其技术规格书中的循环特性图中通常可以看到。然而对目前主流的锂离子电池而言，这种循环的峰值现象是不存在的。因为锂离子电池从出厂到报废，其容量的表现为循环一次少一次，从未出现

37

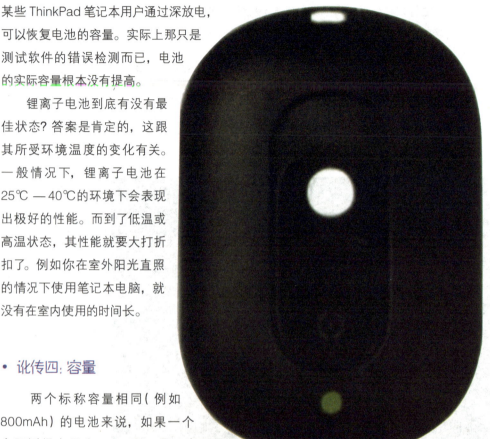

过容量回升的现象。也许有朋友会问，某些 ThinkPad 笔记本用户通过深放电，可以恢复电池的容量。实际上那只是测试软件的错误检测而已，电池的实际容量根本没有提高。

锂离子电池到底有没有最佳状态？答案是肯定的，这跟其所受环境温度的变化有关。一般情况下，锂离子电池在 25℃ —40℃的环境下会表现出极好的性能。而到了低温或高温状态，其性能就要大打折扣了。例如你在室外阳光直照的情况下使用笔记本电脑，就没有在室内使用的时间长。

• 讹传四：容量

两个标称容量相同（例如 800mAh）的电池来说，如果一个实际测得容量为 860mAh，另一个为 805mAh，那么 860mAH 的就一定比 805mAh 的好。

真相：一般而言，不同型号（不同体积）的锂离子电池，容量越高使用的时间也就越长。如果抛开体积和重量等因素，当然是容量越高越好，但对于两个标称容量相同（例如上例）的电池则未必。因为实际容量高的那个电池，很可能在电极材料中添加了用于增加初始容量的物质，减少了用于稳定电极的物质。其结果就表现在循环了几十次之后，容量高的那块迅速衰减，而容量低的依然坚挺。国内许多厂商为了缩减成本，扩大销量，往往就采用了这种手段来生产高容量电池。用户在使用半年后就会发现工作时间大为缩短。总之，提高容量的代价就是牺牲循环寿命，厂商不在电池的材料上下文章，是不可能真正提高电池容量的。

- ## 讹传五：电池的保存

充电电池如果不使用，应该放光了电再保存。

真相：其实不仅仅有上面提到的谣传，锂离子电池到底该充满了保存还是放光了保存肯定会让很多人感到迷惑？这一问题的解答要从其先天性的缺陷谈起，那就是老化效应。锂离子电池在存储一段时间后，即使不进行循环使用，其部分容量也会永久性的丧失，这是因为锂离子电池的正负极材料自出厂时便开始了它们的衰竭历程。不同的温度及饱和程度下老化的幅度也是不同的。

存储温度越高、电池充的越满，容量的幅度就越大。因此对于锂离子电池的长期保存，用户应当将其电量控制在40%，并存储在15℃甚至更低的温度下即可。至于那些镍氢和镍镉电池则不存在这一老化效应，长期储存后只需进行几次完全充放电即可恢复其原始容量。

- ## 讹传六：充满电后续充

对电池充电时，充电充满以后再续充12小时，这样做有利于增强电池的饱和度。

真相：在一般情况下，一个品质合格的座充充电器会在充电完成后自动关闭充电电路，没有电流，即使电池在座充上放置10小时也是无济于事。目前绝大多数手机充电器均采样这样的设计。因此当绿色指示灯亮后，直接将电池拿下来使用即可。

● 电池之家

电池的种类：干电池和液体电池 〉

　　干电池和液体电池的区分仅限于早期电池发展的那段时期。最早的电池由装满电解液的玻璃容器和两个电极组成。后来推出了以糊状电解液为基础的电池，也称作干电池。

　　现在仍然有"液体"电池。一般是体积非常庞大的品种。如那些作为不间断电源的大型固定型铅酸蓄电池或与太阳能电池配套使用的铅酸蓄电池。对于移动设备，有些使用的是全密封、免维护的铅酸蓄电池，这类电池已经成功使用了许多年，其中的电解液硫酸是被玻璃纤维隔板吸附的。

　　一次性电池和可充电电池。一次性电池俗称"用完即弃"电池，因为它们的电量耗尽后，无法再充电使用，只能丢弃。常见的一次性电池包括碱锰电池、锌锰电池、锂电池、锌电池、锌空电池、锌汞电池、水银电池、氢氧电池和镁锰电池。

　　可充电电池按制作材料和工艺上的不同，常见的有铅酸电池、镍镉电池、镍铁电池、镍氢电池、锂离子电池。其优点

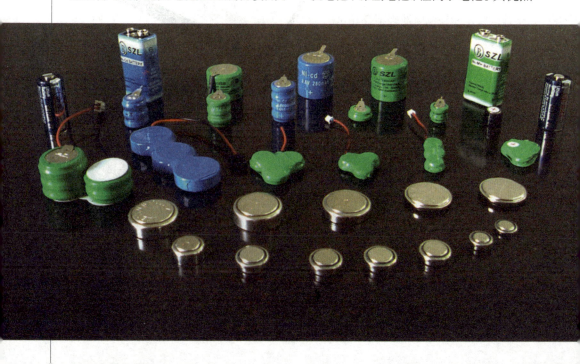

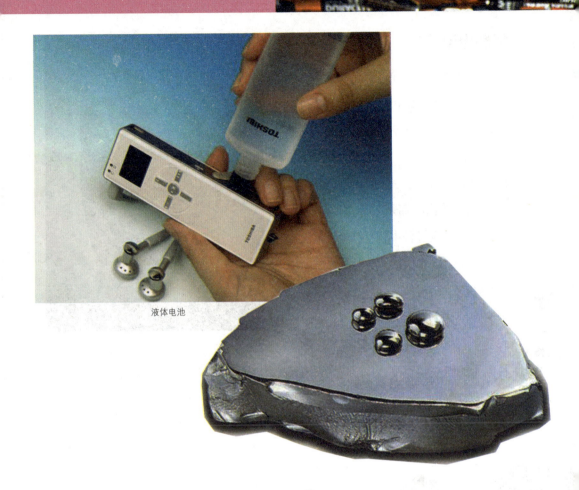

液体电池

是循环寿命长，它们可全充放电200多次，有些可充电电池的负荷力要比大部分一次性电池高。普通镍镉、镍氢电池使用中，特有的记忆效应造成使用上的不便，常常引起提前失效。

电池的种类按照使用次数区分为：一次电池和二次电池。一次电池，用完即丢，无法重复使用者，如：碳锌电池、碱性电池、水银电池、锂电池。二次电池，可充电重复使用者，如：镍镉充电电池、镍氢充电电池、锂充电电池、铅酸电池、太阳能电池。

按照用途区分：工业用。工厂使用于产品内建者，属特定外形或多粒组成，如：电动工具、通讯用电池等。消费性使用。一般消费者使用，可于市面购置更换者，使用量最多的为圆柱形凸头电池。

41

电池的世界

DICHIDESHIJIE

燃料电池 ＞

　　燃料电池是一种将燃料的化学能透过电化学反应直接转化成电能的装置。燃料和空气分别送进燃料电池，电就被奇妙地生产出来。它从外表上看有正负极和电解质等，像一个蓄电池，但实质上它不能"储电"而是一个"发电厂"。氧化还原反应过程中就可以产生电流。燃料电池的技术包括了出现碱性燃料电池（AFC）、磷酸燃料电池（PAFC）、质子交换膜燃料电池（PEMFC）、熔融碳酸盐燃料电池（MCFC）、固态氧化物燃料电池（SOFC），以及直接甲醇燃料电池（DMFC）等，而其中，利用甲醇氧化反应作为正极反应的燃料电池技术，更是被业界看好而积极发展。

燃料电池原理

• 燃料电池的特点

　　燃料电池十分复杂，涉及化学热力学、电化学、电催化、材料科学、电力系统及自动控制等学科的有关理论，具有发电效率高、环境污染少等优点。总的来说，燃料电池具有以下特点：

　　（1）能量转化效率高。他直接将燃料的化学能转化为电能，中间不经过燃烧过程，因而不受卡诺循环的限制。目前燃料电池系统的燃料—电能转换效率在 45%—60%，而火力发电和核电的效率大约在 30%—40%。

（2）有害气体 SOx、NOx 及噪音排放都很低。CO_2 排放因能量转换效率高而大幅度降低，无机械振动。

（3）燃料适用范围广。

（4）积木化强。规模及安装地点灵活，燃料电池电站占地面积小，建设周期短，电站功率可根据需要由电池堆组装，十分方便。燃料电池无论作为集中电站还是分布式电站，或是作为小区、工厂、大型建筑的独立电站都非常合适。

（5）负荷响应快，运行质量高。燃料电池在数秒钟内就可以从最低功率变换到额定功率，而且电厂离负荷可以很近，从而改善了地区频率偏移和电压波动，降低了现有变电设备和电流载波容量，减少了输变线路投资和线路损失。

还会有新的燃料电池出现。

美日等国已相继建立了一些磷酸燃料电池电厂、熔融碳酸盐燃料电池电厂、质子交换膜燃料电池电厂作为示范。日本已开发了数种燃料电池发电装置供公共电力部门使用，其中磷酸燃料电池（PAFC）已

达到"电站"阶段。已建成兆瓦级燃料电池示范电站进行试验，就其效率、可运行性和寿命进行评估，期望应用于城市能源中心或热电联供系统。日本同时建造的小型燃料电池发电装置，已广泛应用于医院、饭店、宾馆等。

· **燃料电池的分类**

燃料电池经历了碱性、磷酸、熔融碳酸盐和固体氧化物等几种类型的发展阶段，燃料电池的研究和应用正以极快的速度在发展。AFC 已在宇航领域广泛应用，PEMFC 已广泛作为交通动力和小型电源装置来应用，PAFC 作为中型电源应用进入了商业化阶段，MCFC 也已完成工业试验阶段，起步较晚的作为发电最有应用前景的 SOFC 已有几十千瓦的装置完成了数千小时的工作考核，相信随着研究的深入

• 燃料电池汽车

近几年来，燃料电池技术已经取得了重大的进展。世界著名汽车制造厂，如戴姆勒–克莱斯勒、福特、丰田和通用汽车公司已经宣布，计划在 2004 年以前将燃料电池汽车投向市场。目前，燃料电池轿车的样车正在进行试验，以燃料电池为动力的运输大客车在北美的几个城市中正在进行示范项目。在开发燃料电池汽车中仍

然存在着技术性挑战，如燃料电池组的一体化，提高商业化电动汽车燃料处理器和辅助部汽车制造厂都在朝着集成部件和减少部件成本的方向努力，并已取得了显著的进步。

燃料电池汽车是电动汽车的一种，其电池的能量是通过氢气和氧气的化学作用，而不是经过燃烧，直接变成电能的。

燃料电池的化学反应过程不会产生有害产物，因此燃料电池车辆是无污染汽车，燃料电池的能量转换效率比内燃机要高2—3倍，因此从能源的利用和环境保护方面，燃料电池汽车是一种理想的车辆。

燃料电池汽车的氢燃料能通过几种途径得到。有些车辆直接携带着纯氢燃料，另外一些车辆有可能装有燃料重整器，能

DICHIDESHIJIE

将烃类燃料转化为富氢气体。

单个的燃料电池必须结合成燃料电池组，以便获得必需的动力，满足车辆使用的要求。燃料电池汽车的工作原理是，使

作为燃料的氢在汽车搭载的燃料电池中，与大气中的氧发生化学反应，从而产生出电能启动电动机，进而驱动汽车。甲醇、天然气和汽油也可以替代氢（从这些物质里间接地提取氢），不过将会产生极度少的二氧化碳和氮氧化物。但总的来说，这类化学反应除了电能就只产生水。因此燃料电池车被称为"地道的环保车"。

与传统汽车相比，燃料电池汽车具有以下优点：1. 零排放或近似零排放。2. 减少了机油泄漏带来的水污染。3. 降低了温室气体的排放。4. 提高了燃油经济性。5. 提高了发动机燃烧效率。6. 运行平稳、无噪声。

干电池 ＞

干电池是一种伏打电池，利用某种吸收剂（如木屑或明胶）使内含物成为不会外溢的糊状。常用作手电筒照明、收音机等的电源。负极是锌做的圆筒，内有氯化铵作为电解质，少量氯化锌、惰性填料及水调成的糊状电解质，正极是四周裹以掺有二氧化锰的糊状电解质的一根碳棒。电极反应是：负极处锌原子成为锌离子（Zn^{++}），释出电子，正极处铵离子（NH_4^+）得到电子而成为氨气与氢气。用二氧化锰驱除氢气以消除极化。电动势约为1.5伏。铅蓄电池最为常用，其极板是用铅合金制成的格栅，电解液为稀硫酸。两极板均覆盖有硫酸铅。但充电后，正极处极板上硫酸铅转变成二氧化铅，负极处硫酸铅转变成金属铅。放电时，则发生反方向的化学反应。

靠，将两只2.2V小电珠并联后用导线引出两个夹子，先测出电池的开路电压，再将小电珠夹子夹在表笔上，再测出电池带负载后的电压，比较两次电压的差越小越好。

• 干电池挑选方法

干电池又称一次电池，日常生活中我们经常用到干电池，比如5号、7号电池等。干电池都有自放电这一令人讨厌的缺点。自放电除与电池的内在因素有关外，还与环境温度、湿度有关；超过一定的储存期后，由于自放电，电池的性能就要降低，大量使用干电池，进行挑选是必要的。

常用的干电池挑选方法：注意查看生产日期，储存期越短越好；用万用表ＤＣ500 mA挡测短路电流，此法虽简单但不准确，也不安全，实质是从瞬间短路电流判断其内阻大小，内阻越小越好。

若采用两次测量电压法既安全又可

这个方法判别6—9Ｖ叠层电池更实用，此时小电珠应串连。除可充电池外其他一次性电池均可行，改用数字电压表测量更准确。

铅蓄电池 >

铅蓄电池的电动势约为2伏，常用串联方式组成6伏或12伏的蓄电池组。电池放电时硫酸浓度减小，可用测电解液比重的方法来判断蓄电池是否需要充电或者充电过程是否可以结束。铅蓄电池的优点是放电时电动势较稳定，缺点是比能量（单位重量所蓄电能）小，对环境腐蚀性强。由正极板群、负极板群、电解液和容器等组成。充电后的正极板是棕褐色的二氧化铅（PbO_2），负极板是灰色的绒状

铅（Pb），当两极板放置在浓度为27%—37%的硫酸（H_2SO_4）水溶液中时，极板的

铅和硫酸发生化学反应，二价的铅正离子（Pb_2+）转移到电解液中，在负极板上留下两个电子（$2e-$）。由于正负电荷的引力，铅正离子聚集在负极板的周围，而正极板在电解液中水分子作用下有少量的二氧化铅（PbO_2）渗入电解液，其中两价的氧离子和水化合，使二氧化铅分子变成可离解的一种不稳定的物质——氢氧化铅〔$Pb(OH)_4$〕。氢氧化铅由4价的铅正离子（Pb_4+）和4个氢氧根〔$4(OH)-$〕组成。4价的铅正离子（Pb_4+）留在正极板上，使正极板带

正电。由于负极板带负电，因而两极板间就产生了一定的电位差，这就是电池的电动势。当接通外电路，电流即由正极流向负极。在放电过程中，负极板上的电子不断经外电路流向正极板，这时在电解液内部因硫酸分子电离成氢正离子（H+）和硫酸根负离子（SO_4^{2-}），在离子电场力作用下，两种离子分别向正负极移动，硫酸根负离子到达负极板后与铅正离子结合成硫酸铅($PbSO_4$)。在正极板上，由于电子自外电路流入，而与4价的铅正离子（Pb_4^+）化合成2价的铅正离子（Pb^{2+}），并立即与正极板附近的硫酸根负离子结合成硫酸铅附着在正极上。随着蓄电池的放电，正负极板都受到硫化，同时电解液中的硫酸逐渐减少，而水分增多，从而导致电解液的比重下降。在实际使用中，可以通过测定电解液的比重来确定蓄电池的放电程度。在正常使用情况下，铅蓄电池不宜放电过度，否则将使和活性物质混在一起的细小硫酸铅晶体结成较大的体，这不仅增加了极板的电阻，而且在充电时很难使它再还原，直接影响蓄电池的容量和寿命。铅蓄电池充电是放电

49

的逆过程。

铅蓄电池的工作电压平稳、使用温度及使用电流范围宽、能充放电数百个循环、贮存性能好（尤其适于干式荷电贮存）、造价较低，因而应用广泛。采用新型铅合金和电解液添加纳米碳溶胶，可改进铅蓄电池的性能。如用铅钙合金作板栅，能保证铅蓄电池最小的浮充电流、减少添水量和延长其使用寿命；采用铅锂合金铸造正板栅，则可减少自放电和满足密封的需要。此外，开口式铅蓄电池要逐步改为密封式，并发展防酸、防爆式和消氢式铅蓄电池。

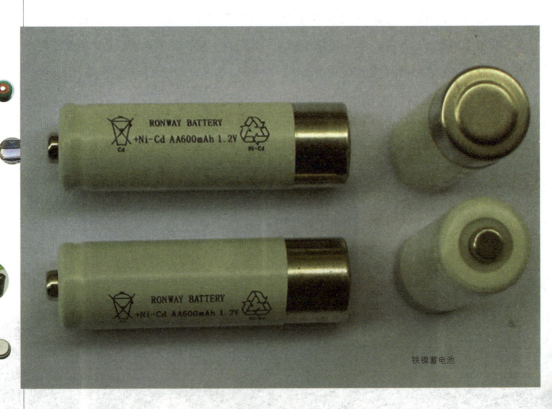

铁镍蓄电池

铁镍蓄电池 >

也叫爱迪生电池。铅蓄电池是一种酸性蓄电池，与之不同，铁镍蓄电池的电解液是碱性的氢氧化钾溶液，是一种碱性蓄电池。其正极为氧化镍，负极为铁。电动势约为1.3—1.4伏。其优点是轻便、寿命长、易保养，缺点是效率不高。

19世纪末，许多电器已经诞生，如电灯、电话、电报、电唱机等。这些电器的问世，给人们的生活带来了便利和欢乐。然而，这些电器都是要用电的。没有了电，这些东西就毫无利用价值，成了一堆废物。电的来源有两个途径：一是由发电机发电，二是由蓄电池供电。蓄电池便于携带，使用方便，但它供电的时间太短，因为当时的铅蓄电池是由铅和硫酸制成的。它的工作原理是，让铅和硫酸两个"冤家"碰在一起，让它们"打架"（发生化学反应）。在这个过程中，就产生了电流。由于硫酸的腐蚀性非常强，更有"战斗力"，因此，铅难以招架，不久就被打得"遍体鳞伤"，"举起两手投降"。这样一场"恶斗"很快就结束了，电流也就不能产生了。这种蓄电池使用时间短，因此，人们管它叫"短命蓄电池"。

爱迪生，这位已经发明了不少电器的科学家，已经意识到解决蓄电池"短命"问题的重要性：如果不延长蓄电池的供电时间，将会影响许多电器的利用。因此，在这个20世纪即将来临的时候，发明一种"长寿"的蓄电池，比发明其他电器更有意义。于是，爱迪生把研制新型蓄电池的工作排上了日程。

一旦确定了目标，爱迪生便把全部的精力投入到工作中去。在他的头脑里，其他事情，包括衣食住行似乎都淡化了，只清晰地留下研究工作。

一天，爱迪生在家里吃饭时，突然举着刀叉的手停在空中，面部表情呆板。他的夫

人看惯了他的这类事，知道他正考虑蓄电池的问题，便关切地问："蓄电池'短命'的原因在哪里？"

"毛病出在内脏。要治好它的根，看来要给他开个刀，换器官。"

"不是大家都认为，只能用铅和硫酸吗？"夫人脱口而出。她想了想，对她的丈夫——爱迪生说这种话毫无意义。他不是在许多"不可能"之中创造了奇迹吗？于是，夫人连忙纠正道："世上没有不可能的事，对吗？"

爱迪生被夫人的这番话逗乐了。"是啊，世界上没有什么不可能的事，我一定要攻下这个难关。"爱迪生暗暗地下定决心。

经过反反复复的试验、比较、分析，爱迪生确认病根出在硫酸上。因此治好病根的

51

一个春天过去了，又一个春天过去了，苦战了3年，爱迪生试用了几千种材料，做了4万多次的实验，可依然没有什么收获。这时，一些冷言冷语也向他袭来，可爱迪生并不理会。他对自己的研究充满信心。

有一次，一位不怀好意的记者向他问道：

"请问尊敬的发明家，您花了3年时间，做了4万多次实验，有些什么收获？"

爱迪生笑了笑说："收获嘛，比较大，我们已经知道有好几千种材料不能用来做蓄电池。"

爱迪生的回答，博得在场的人一片喝彩声。那位记者也被爱迪生的坚韧不拔的精神感动，红着脸为他鼓掌。

正是凭着这种精神，爱迪生将他的实验继续下去。

1904年，在一个阳光灿烂的日子，爱迪生终于用氢氧化钠（烧碱）溶液代替硫酸，用镍、铁代替铅，制成世界上第一台镍铁碱电池。它的供电时间相当长，在当时可以算是"老寿

方案与原来设想的一样：用一种碱性溶液代替酸性溶液——硫酸，然后找一种金属代替铅。当然这种金属应该会与选用的碱性溶液发生化学反应，并能产生电流。

问题看起来很简单，只要选定一种碱性溶液，再找一种合适的金属就行了。然而，做起来却是非常非常的困难。

爱迪生和他的助手们夜以继日地做实验。

星"了。

正当助手们欢呼实验成功的时候，爱迪生十分冷静。他觉得，试验还没有结束，还需要对新型蓄电池的性能做进一步的验证。因此，他没有急着报道这一重大新闻。

为了实验新蓄电池的耐久性和机械强度，他用新电池装配6部电动车，并叫司机每天将车开到凸凹不平的路面上跑100英里；他将蓄电池从四楼高处往下摔来做机械强度实验。经过严格的考验，不断地改进，1909年，爱迪生向世人宣布：他已成功地研制成功性能良好的镍铁碱电池。

为了纪念爱迪生付出的辛勤劳动，人们管镍铁碱电池叫"爱迪生蓄电池"。

银锌蓄电池 ＞

正极为氧化银，负极为锌，电解液为氢氧化钾溶液。银锌蓄电池的比能量大，能大电流放电，耐震，用作宇宙航行、人造卫星、火箭等的电源。充、放电次数可达100—150次循环。其缺点是价格昂贵，使用寿命较短。

太阳能电池 〉

太阳能电池是通过光电效应或者光化学效应直接把光能转化成电能的装置。以光电效应工作的薄膜式太阳能电池为主流，而以光化学效应工作的湿式太阳能电池则还处于萌芽阶段。当日光照射时，产生端电压，得到电流，用于人造卫星、宇宙飞船中的太阳电池是半导体制成的（常用硅光电池）。日光照射太阳电池表面时，半导体PN结的两侧形成电位差。其效率在10％以上，典型的输出

功率是5—10毫瓦每平方厘米（截面积）。

太阳能，一般是指太阳光的辐射能量，在现代一般用作发电。自地球形成生物就主要以太阳提供的热和光生存，而自古人类也懂得以阳光晒干物件，并作为保存食物的方法，如制盐和晒咸鱼等。但在化石燃料减少下，才有意把太阳能进一步发展。太阳能的利用有被动式利用（光热转换）和光电转换两种方式。太阳能发电是一种新兴的可再生能源。广义上的太阳能是地球上许多能量的来源，如风能、化学能、水的势能等等。

• 太阳能电池的分类

太阳能电池根据所用材料的不同，太阳能电池还可分为：硅太阳能电池、多元化合物薄膜太阳能电池、聚合物多层修饰电极型太阳能电池、纳米晶太阳能电池、有机太阳能电池、塑料太阳能电池，其中硅太阳能电池是目前发展最成熟的，在应用中居主导地位。

（1）硅太阳能电池

硅太阳能电池分为单晶硅太阳能电池、多晶硅薄膜太阳能电池和非晶硅薄膜太阳能电池3种。

单晶硅太阳能电池转换效率最高，技术也最为成熟。在实验室里最高的转换效率为24.7%，规模生产时的效率为15%（截至2011，为18%）。在大规模应用和工业生产中仍占据主导地位，但由于单晶硅成本价格高，大幅度降低其成本很困难，为了节省硅材料，发展了多晶硅薄膜和非晶硅薄膜作为单晶硅太阳能电池的替代产品。

多晶硅薄膜太阳能电池与单晶硅比较，成本低廉，而效率高于非晶硅薄膜电池，其实验室最高转换效率为18%，工业规模生产的转换效率为10%（截至2011，为17%）。因此，多晶硅薄膜电池不久将会在太阳能电池市场上占据主导地位。

非晶硅薄膜太阳能电池成本低重量轻，转换效率较高，便于大规模生产，有极大的潜力。但受制于其材料引发的光电效率衰退效应，稳定性不高，直接影响了它的实际应用。如果能进一步解决稳定性问题及提高转换率问题，那么，非晶硅太阳能电池无疑是太阳能电池的主要发展产品之一。

（2）多晶体薄膜电池

多晶体薄膜电池的效率较非晶硅薄膜太阳能电池效率高，成本较单晶硅电池低，并且也易于大规模生产，但由于镉有剧毒，会对环境造成严重的污染，因此，并不是晶体硅太阳能电池最理想的替代产品。

砷化镓（GaAs）III-V 化合物电池的转换效率可达 28%，GaAs 化合物材料具有十分理想的光学带隙以及较高的吸收效率，抗辐照能力强，对热不敏感，适合于制造高效单结电池。但是 GaAs 材料的价格不菲，因而在很大程度上限制了 GaAs 电池的普及。

铜铟硒薄膜电池（简称 CIS）适合光电转换，不存在光致衰退问题，转换效率和多晶硅一样。具有价格低廉、性能良好和工艺简单等优点，将成为今后发展太阳能电池的一个重要方向。唯一的问题是材料的来源，由于铟和硒都是比较稀有的元素，因此，这类电池的发展又必然受到限制。

（3）有机聚合物太阳能电池

以有机聚合物代替无机材料是刚刚开始的一个太阳能电池制造的研究方向。由于有机材料柔性好，制作容易，材料来源广泛，成本低等优势，从而对大规模利用太阳能，提供廉价电能具有重要意义。但以有机材料制备太阳能电池的研究刚刚开始，不论是使用寿命，还是电池效率都不能和无机材料特别是硅电池相比。能否发展成为具有实用意义的产品，还有待于进一步研究探索。

纳米晶太阳能电池

（4）纳米晶太阳能电池

纳米 TiO_2 晶体化学能太阳能电池是新近发展的，优点在于它低廉的成本和简单的工艺及稳定的性能。其光电效率稳定在 10% 以上，制作成本仅为硅太阳电池的 1/5—1/10，寿命能达到 20 年以上。

此类电池的研究和开发刚刚起步，不久的将来会逐步走上市场。

58

（5）有机薄膜太阳能电池

有机薄膜太阳能电池，就是由有机材料构成核心部分的太阳能电池。大家对有机太阳能电池不熟悉，这是情理中的事。如今量产的太阳能电池里，95% 以上是硅基的，而剩下的不到 5% 也是由其他无机材料制成的。

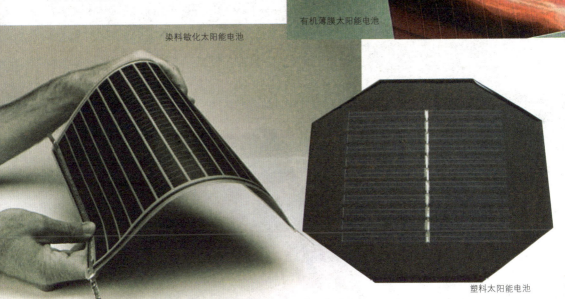

有机薄膜太阳能电池

染料敏化太阳能电池

塑料太阳能电池

（6）染料敏化太阳能电池

染料敏化太阳能电池，是将一种色素附着在 TiO_2 粒子上，然后浸泡在一种电解液中。色素受到光的照射，生成自由电子和空穴。自由电子被 TiO_2 吸收，从电极流出进入外电路，再经过用电器，流入电解液，最后回到色素。染料敏化太阳能电池的制造成本很低，这使它具有很强的竞争力。它的能量转换效率为 12% 左右。

（7）塑料太阳能电池

塑料太阳能电池以可循环使用的塑料薄膜为原料，能通过"卷对卷印刷"技术大规模生产，其成本低廉、环保。但目前塑料太阳能电池尚不成熟，预计在未来 5 年到 10 年，基于塑料等有机材料的太阳能电池制造技术将走向成熟并大规模投入使用。

世界最小太阳能电池问世

日本东京大学和澳大利亚约翰尼斯开普勒大学的科研人员成功研发出了全世界最薄最轻的太阳能电池。未来人们将可以把这款电池像小纸条一样贴着随身携带。

科研人员在厚 1.4 微米（1 微米等于 1000 分之 1 毫米）的塑料薄片上贴上起到发电和电极作用的半导体和金属薄膜，制作出了新的太阳能电池，其厚度仅为之前的 1/12，约 2 微米。这一厚度仅相当于人体头发的几十分之一。其发电量平均每瓦特对应的重量是 0.1 克，为全世界最轻。

新的太阳能电池很柔软，既可以使其呈褶皱状，又可以卷起来，而且平展开后性能也不会受到影响。新电池的太阳能转换为电能的效率为 4.2%。东京大学副教授关谷毅就此表示：“今后我们计划将其能量转换效率提升到 10%，以投入实际运用。”

60

温差电池 >

温差电池，就是利用温度差异，使热能直接转化为电能的装置。温差电池的材料一般有金属和半导体两种。用金属制成的电池塞贝克效应较小，常用于测量温度、辐射强度等。这种电池一般把若干个温差电偶串联起来，把其中一头暴露于热源，另一个接点固定在一个特定温度环境中，这样产生的电动势等于各个电偶之和，再根据测量的电动势换算成温度或强度。例如，我们在日常生活中常用它来测量冶炼及热处理炉的高温。

两种金属接成闭合电路，并在两接头处保持不同温度时，产生电动势，即温差电动势，这叫作塞贝克效应，这种装置叫作温差电偶或热电偶。金属温差电偶产生的温差电动势较小，常用来测量温

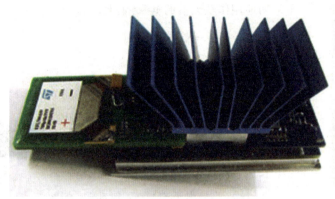

度差。但将温差电偶串联成温差电堆时，也可作为小功率的电源，这叫作温差电池。用半导体材料制成的温差电池，温差电效应较强。

核电池 〉

核电池又叫"放射性同位素电池"，它是通过半导体换能器将同位素在衰变过程中不断地放出具有热能的射线的热能转变为电能而制造而成。核电池已成功地用作航天器的电源、心脏起搏器电源和一些特殊军事用途。

核电池是把核能直接转换成电能的装置(目前的核发电装置是利用核裂变能量使蒸汽受热以推动发电机发电，还不能将核裂变过程中释放的核能直接转换成电能)。通常的核电池包括辐射β射线(高速电子流)的放射性源(例如锶-90)，收集这些电子的集电器，以及电子由放射性源到集电器所通过的绝缘体

三部分。放射性源一端因失去负电成为正极，集电器一端得到负电成为负极。在放射性源与集电器两端的电极之间形成电位差。这种核电池可产生高电压，但电流很小。它用于人造卫星及探测飞船中，可长期使用。

• 核电池的优缺点

优点：

核电池在衰变时放出的能量大小、速度，不受外界环境中的温度、化学反应、压力、电磁场等的影响。核电池提供电能的同位素工作时间非常长，甚至可能达到5000年。

缺点：

有放射性污染，必须妥善防护；而且一旦电池装成后，不管是否使用，随着放射性源的衰变，电性能都要衰降。

• 核电池的类型

核电池可分为高电压型和低电压型两种类型。

高电压型核电池以含有 β 射线源（锶 –90 或氚）的物质制成发射极，周围用涂有薄炭层的镍制成收集电极，中间是真空或固体介质。以氚为放射源的试验电池，直径为 9.5 毫米，长度为 13.5 毫米，电压 500 伏时电流为 160 皮安，12 年衰降 50%（若用锶 –90，25 年衰降 50%）。

低电压型核电池又分为温差电堆型、气体电离型和荧光–光电型三种结构。温差电堆型的原理同以放射性同位素为热源的温差发电器相同，故又称同位素温差发电器。气体电离型核电池是利用放射源使两种不同逸出功的电极材料间的气体电离，再由两极收集载流子而获得电能。这种电池有较高的功率。

• 核电池的利用

心脏搏动调节装置。

人造心脏的放射性同位素动力源用的燃料是钚－238。

卫星。在太空中遨游的卫星，它对电源的要求特别严格，要重量轻、体积小，能经受强烈的振动，而且还要求使用寿命长。因此，国外在20世纪70年代初期相继发射的几个木星探测器上，都装有用氧化钚和钼制做的高性能核电池。后来发射的火星探测器，也装有类似的核电池。

在气象卫星"雨云号"上也安装了放射性同位素电池。这种气象卫星环绕地球周围的轨道飞行，可以用来拍摄云图，或者对大气层和地球表面的地形进行勘察和调查。

在探查木星的卫星——先驱号上面装置了4个30瓦的放射性同位素电池。

1976年，火星的卫星飞船"海盗号"在火星表面成功地进行了无人着陆，在这个卫星船上也安置了2个35瓦的放射性同位素电池。

水下监听器和海底电缆的中继站。在深海里，太阳能电池派不上用场，其他如燃料电池和化学电池的使用寿命又太短，因此现在已将核电池用作水下监听器和海底电缆的中继站的电源，用来监听敌潜水艇的活动和通讯。

阿波罗飞船。1969年7月21日，人

类第一次成功地登上月球，使用的是阿波罗11号飞船。在阿波罗11号飞船上，安装了2个放射性同位素装置，其热功率为15瓦，用的燃料为钚－238。但是，阿波罗11号上的放射性同位素装置是供飞船在月面上过夜时取暖用的，也就是说它仅仅用于提供热源。所以，该装置又叫作ALRH（Apolo Lunar RI Heater）装置，意思是阿波罗在月球上用的放射性同位素发热器。

但是，在后来发射的用于探索月面的阿波罗宇宙飞船上，安装的放射性同位素装置全部是为了发电用的。这就是SNAP－27A装置。它用的燃料是钚－238，设计的电输出功率为63.5瓦，整个装置重量为31千克，设计寿命为1年。主要是用于阿波罗月面探察的一系列科学实验。

在阿波罗12号飞船上首次装载的放射性同位素电池——SNAP－27A装置，

其寿命远远超过设计时考虑的1年，并能连续供给70瓦以上的电力，完全符合预期的设计要求。由于这一实验获得成功，在1970年发射的阿波罗14号以及随后的阿彼罗15号、16号、17号等飞船上都相继安装了SNAP－27A装置。

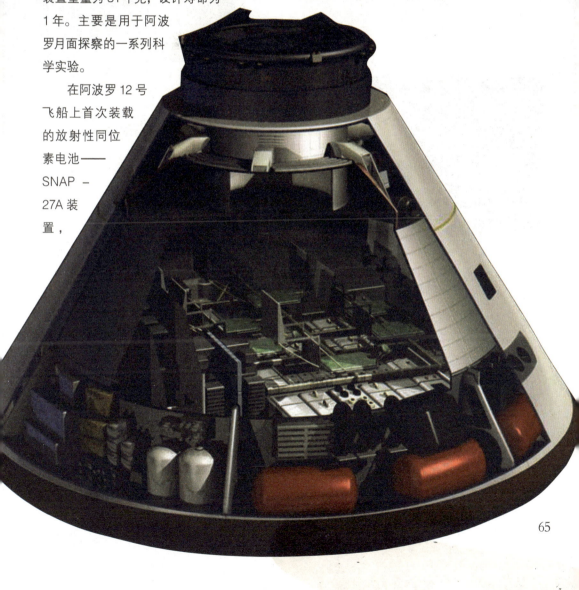

▶ 核电池的故事

　　美国政府在冷战期间，常制造可用上几十年的钚核电池，多年来已造出几十个推动卫星、行星探测器及间谍装置的核电池，但亦曾发生意外，释出有害物质祸及全球。

　　1964 年，一枚导航卫星运载火箭失灵，导致卫星上的钚核电池爆炸，所释放的放射性物质散落全球，令人关注钚的应用。

　　1965 年，喜玛拉雅山一队美国情报小组，在暴风雪下遗失了一个侦察中国、以钚作能源的装置。

　　1968 年，一枚脱离轨道的天气卫星坠落太平洋，幸好联邦调查人员在加州找回完整的核电池。

　　1997 年，美国太空总署准备发射"卡西尼"号土星探测器时，便有数百名示威者在场抗议，指出一旦发生意外，探测器的核电池将会爆裂，最终导致数以千计的人因癌症而死。当局的专家则指出，最新的钚核电池更能防止破裂，将危害人类的机会减至极低。

锌锰干电池 〉

锌锰干电池有圆柱型和叠层型两种结构。其特点是使用方便、价格低廉、原材料来源丰富、适合大量自动化生产。但放电电压不够平稳，容量受放电率影响。适于中小放电率和间歇放电使用。新型锌锰干电池采用高浓度氯化锌电解液、优良的二氧化锰粉和纸板浆层结构，使容量和寿命均提高一倍，并改善了密封性能。

化学电源可分为一次电池、二次电池（又称蓄电池）和燃料电池3种。顾名思义，一次电池就是使用一次后就被废弃的电池。例如锌锰干电池、锌银钮扣式电池、锂电池等。二次电池又称蓄电池，它是在充电后又能反复使用的电池，使用周期较长，故又称之为可充式电池。如铅酸蓄电池、镍镉电池、金属氢化物镍电池、锂离子电池等。严格来讲，燃料电池也属于一次电池，但一般的一次电池的正、负极活性物质是固体并放在电池内，用完后不能补充，因而容量较小，而燃料电池的活性物质是放在电池外储罐中的气体或液体，只要气体或液体的活性物质源源不断地输入燃料电池中，电池就连续发电。

锌锰干电池根据电解质酸碱性质可分为以下两类：酸性锌锰干电池和碱性锌锰干电池。

• 酸性锌锰干电池

酸性锌锰干电池是以锌筒作为负极，并经汞齐化处理，使表面性质更为均匀，以减少锌的腐蚀，提高电池的储藏性能，正极材料是由二氧化锰粉、氯化铵及碳黑组成的一个混合糊状物。正极材料中间插入一根碳棒，作为引出电流的导体。在正极和负极之间有一层增强的隔离纸，该纸浸透了含有氯化铵和氯化锌的电解质溶液，金属锌的上部被密封。这种电池是19世纪60年代法国的勒克兰谢（Leclanche）发明的，故又称为勒克兰谢电池或炭锌干电池。

• 碱性锌锰电池

碱性锌锰电池简称碱锰电池，它是在1882年研制成功，1912年就已开发，到了1949年才投产问世。人们发现，当用KOH电解质溶液代替NH_4Cl做电解质时，无论是电解质还是结构上都有较大变化，电池的比能量和放电电流都能得到显著的提高。以碱性电解质代替中性电解质的锌锰电池。有圆柱型和纽扣型两种。这种电池的优点是容量大，电压平稳，能大电流连续放电，可在低温（−40℃）下工作。这种电池可在规定条件下充放电数十次。

锌汞电池 〉

锌汞电池由美国S.罗宾发明,故又名罗宾电池。是最早发明的小型电池。有纽扣型和圆柱型两种。放电电压平稳,可用作要求不太严格的电压标准。缺点是低温性能差(只能在0℃以上使用),并且汞有毒。锌汞电池已逐渐被其他系列的电池代替。

以锌为负极,氧化汞为正极,氢氧化钾溶液为电解液的原电池。简称汞电池。

由于这种电池有很高的电荷体积密度和稳定的电压,很快在民用电子器具上得到广泛应用,形成了多种形状和尺寸系列的电池。主要有圆形锌汞电池和加有二氧化锰的锌汞电池的体系,代号分别为MR和NR,其后的数字代表电池的型号。

锌汞电池主要用于自动曝光照相机、助听器、医疗仪器、电路板上的固定偏置电压及一些军事装备中。由于电池中大量使用氧化汞,用完后随意丢弃会严重污染环境,故其生产及使用范围正在趋向缩小,部分正被锌银电池取代。

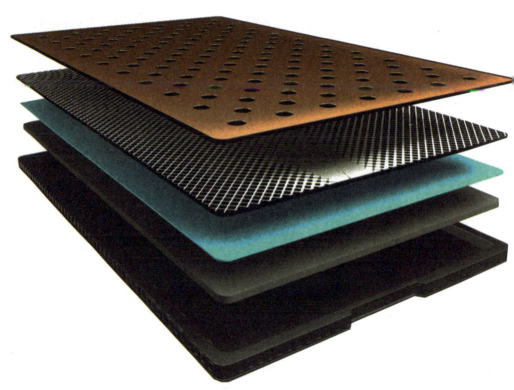

锌空气电池 ＞

锌空气电池，用活性炭吸附空气中的氧或纯氧作为正极活性物质，以锌为负极，以氯化铵或苛性碱溶液为电解质的一种原电池。又称锌氧电池。分为中性和碱性两个体系的锌空气电池，分别用字母A和P表示，其后再用数字表示电池的型号。

以空气中的氧为正极活性物质，因此比容量大。有碱性和中性两种系列，结构上又有湿式和干式两种。湿式电池只有碱性一种，用NaOH为电解液，价格低廉，多制成大容量（100安·小时以上）固定型电池供铁路信号用。干式电池则有碱性和中性两种。中性空气干电池原料丰富、价格低廉，但只能在小电流下工作。碱性空气干电池可大电流放电，比能量大，连续放电比间歇放电性能好。所有的空气干电池都受环境湿度影响，使用期短，可靠性差，不能在密封状态下使用。

• 锌空气电池的类型

主要有4种类型。

1.中性锌空气电池：结构与锌锰圆筒形电池的类同，也采用氯化铵与氯化锌为电解质，只是在炭包中以活性炭代替了二氧化锰，并在盖上或周围留有通气孔，在使用时打开；

2.纽扣式锌空气电池：结构与锌银纽扣式电池基本相同，但在正极外壳上留有小孔，使用时可打开；

3.低功率大荷电量的锌空气湿电池：将烧结或黏结式活性炭电极和板状锌电极组合成电极组浸入盛有氢氧化钠溶液的容器中；

4.高功率锌空气电池：一般是将薄片状黏结式活性炭电极装在电池外壁上，将锌粉电极装在电池中间，两者之间用吸液的隔膜隔离，上口装有注液塞。使用时注入氢氧化钾溶液。这种电池便于携带。低功率锌空气湿电池和高功率锌空气电池属于临时激活型，活性炭电极能反复使用，因而电池在耗尽电荷量以后，只要更换锌电极和碱液，就可重复使用。

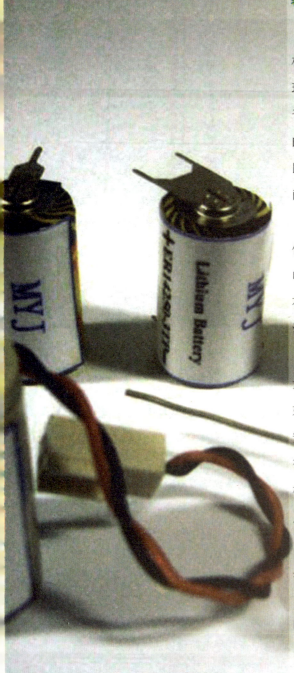

锂电池 〉

锂电池是一类由锂金属或锂合金为负极材料、使用非水电解质溶液的电池。最早出现的锂电池来自于伟大的发明家爱迪生。由于锂金属的化学特性非常活泼，使得锂金属的加工、保存、使用，对环境要求非常高。所以，锂电池长期没有得到应用。现在锂电池已经成为了主流。

以锂为负极的电池。它是20世纪60年代以后发展起来的新型高能量电池。按所用电解质不同分为：①高温熔融盐锂电池；②有机电解质锂电池；③无机非水电解质锂电池；④固体电解质锂电池；⑤锂水电池。

锂电池的优点是单体电池电压高，比能量大，储存寿命长（可达10年），高低温性能好，可在-40—150℃使用。缺点是价格昂贵，安全性不高。另外电压滞后和安全问题尚待改善。近年来大力发展动力电池和新的正极材料的出现，特别是磷酸亚铁锂材料的发展，对锂电发展有很大帮助。

手机电池是为手机提供电力的储能工具，手机电池一般用的是锂电池和镍氢电池。

"mAh"是电池容量的单位，中文名称是毫安时。

• 锂电池的特征

A. 高能量密度

锂离子电池的重量是相同容量的镍镉或镍氢电池的一半，体积是镍镉的20%—30%，镍氢的35%—50%。

B. 高电压

一个锂离子电池单体的工作电压为3.7V(平均值)，相当于三个串联的镍镉或镍氢电池。

C. 无污染

锂离子电池不含有诸如镉、铅、汞之类的有害金属物质。

D. 不含金属锂

锂离子电池不含金属锂，因而不受飞机运输关于禁止在客机携带锂电池等规定的限制。

E. 循环寿命高

在正常条件下，锂离子电池的充放电周期可超过500次，磷酸亚铁锂(以下称磷铁)则可以达到2000次。

F. 无记忆效应

记忆效应是指镍镉电池在充放电循环过程中，电池的容量减少的现象。锂离子电池不存在这种效应。

G. 快速充电

使用额定电压为4.2V的恒流恒压充电器，可以使锂离子电池在1.5—2.5个小时内就充满电；而新开发的磷铁锂电已经可以在35分钟内充满电。

73

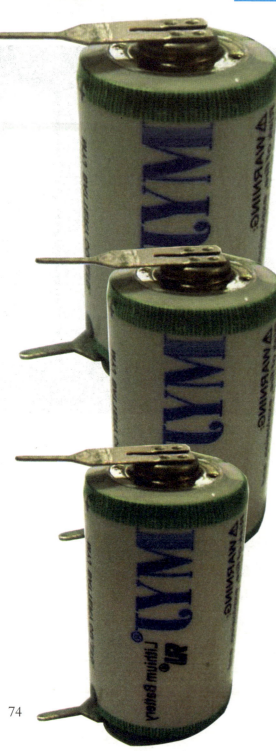

• **锂电池使用注意事项**

第一，锂离子电池在人们的生活中随处可见，各种便携式电子产品、车载 GPS 等，锂离子电池成为维持这些工具运转的重要部件。保持锂离子电池适度充电、放电可延长电池寿命。锂离子电池电量维持在 10% — 90% 有利于保护电池。这意味着，给手机、笔记本电脑等数码产品的电池充电时无需达到最大值。

配有锂离子电池的数码产品暴露在日照下或者存放在炎热的汽车内，最好将这些产品处于关闭状态，原因是如果运行温度超过60℃，锂离子电池会加速老化。锂电池充电温度范围：0—45℃，锂电池放电温度范围0—60℃。

第二，如果手机电池每天都需充电，原因可能是这块电池存在缺陷，或者是它该"退休"了。

对笔记本所有者而言，如果长时间插上插头，最好取下电池（电脑在使用过程中产生的高热量对笔记本电池不利）。

第三，通常情况下，50% 电量最利于锂离子电池保存。

• **锂电池乘机携带规定**

为确保飞行安全，避免因旅客携带锂电池而发生不安全事件（机内温度较高时，锂金属电池容易起火燃烧），2008 年 8 月，中国民用航空局对旅客携带锂电池乘机作出明确规定：

第一，不允许旅客在托运行李中夹带锂电池。

第二，旅客可以携带为个人自用的锂离子电池芯或电池的消费用电子装置（手表、计算器、照相机、手机、手提电脑、便携式摄像机等）。对备用电池必须单个做好保护以防短路，并且仅能在手提行李中携带。此外，每一块备用电池不得超过以下数量：对于锂金属或锂合金电池，锂含量不超过 2 克；对于锂离子电池，其等质总锂含量不超过 8 克。

第三，旅客可以携带等质总锂含量在 8 克以上而不超过 25 克的锂离子电池，如果单个做好保护而能防止短路，可在手提行李中携带。备用电池每人限带 2 个。

第四，其他类型的备用干电池，比如镍氢电池等，如做好防短路措施也可以随身携带。

第五，等质总锂含量超过 25 克的锂离子电池，应按照《锂电池航空运输规范》(MH/T1020-2007) 的标准，以货物运输形式发运。

新型呼吸式电池的问世

据国外媒体报道：美国 IBM 公司设计出了一款新型锂空气电池，其原理就是通过吸入空气与设备内的锂离子发生反应，进行能量的提供。因其独特的放电方式，也称呼吸式电池。如果这种设备日后完善，可以作为新能源，来缓解未来的能源危机。

这种呼吸式电池是在 IBM "Battery 500" 项目下开发的，并且该公司透露将在 2020 年打造一台能够支持汽车行驶 500 英里的呼吸电池。

据介绍，该种电池主要是通过将氧气吸入主电池部分，然后填满电池里所有微小的空间，并与电池负极上的锂电子进行反应，将锂离子转化成过氧化锂，释放出电子，从而提供能源。

另外，这种锂空气电池的性能是锂离子电池的 10 倍，可以提供与汽油同等的能量。因此这种电池若今后真应用在汽车上，将能轻松实现汽车长距离行驶，面对如今居高不下的油价，无疑是一个振奋人心的好消息。

标准电池 〉

标准电池是一种化学电池，由于其电动势比较稳定、复现性好，长期以来在国际上用作电压标准。在测量和校准各种电池的电压时，用作标准的辅助电池。根据电池中硫酸镉溶液的情况，分饱和式和不饱和式两种。在20℃时，饱和式的电动势应在10185—11868伏特范围内；不饱和式的电动势应在101860—101960伏特范围内。前者特点是：电动势稳定、温度系数（温度对电动势变化）较大；后者温度系数较小，使用方便。一般供工业和实验室用。它是由美国电气工程师韦斯顿在1892年发明的，故又称韦斯顿电池。

最著名的是惠斯顿标准电池，分饱和型和非饱和型两种。其标准电动势为1.01864伏(20℃)。非饱和型的电压温度系数约为饱和型的1/4。

标准电池不允许晃动、侧放，并避免剧烈震动或倒置，否则会引起不可逆的变化，甚至损坏。标准电池不能作为输出电功率的原电

77

池, 在使用时通过标准电池的电流一般不能超过1微安。过大的电流将使电动势产生不可恢复的改变。

饱和式标准电池的电动势的温度系数较大, 约为4×10^{-5}/开, 一般情况下应该保证检定时和使用时的温度一致。如果两者有差别, 则需要用插值法进行修正。在精密测量中, 为了保证标准电池电动势值的稳定, 需要把标准电池放在自动控制温度的油槽中。油槽的温度变化范围约为±0.01开, 高质量的油槽可达到±0.001开。20世纪70年代以来, 发展了用电子装置控制的空气恒温槽, 其温度稳定性较高, 而且可以做成便携式的, 因而得到广泛使用。

不饱和式标准电池的电动势的温度系数较小, 约为5×10^{-6}/开左右, 对机械冲击的敏感性也较小。其缺点是稳定性不如饱和式的高。不饱和式标准电池的年变化约为$(50—100) \times 10^{-6}$。

由于标准电池有脆弱、不易运输、温度系数较大等缺点, 20世纪70年代以来发展了一系列可用作电压标准的精密稳压二极管, 端电压为1—10伏, 温度系数小于1×10^{-6}/开, 年变化可小于2×10^{-6}, 在很多场合下可取代传统的标准电池。

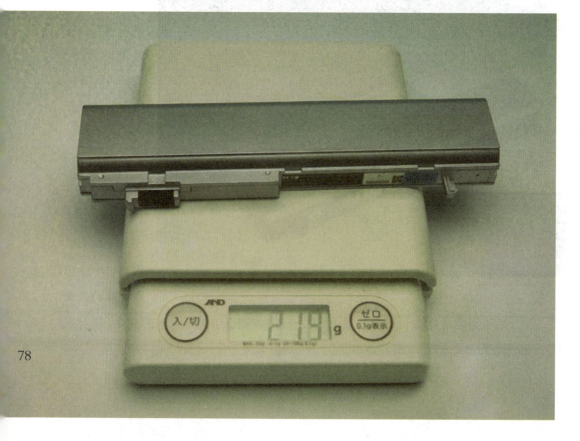

• 标准电池的注意事项

从标准电池的原理、结构、特性可知，在使用标准电池时需注意以下 5 点。

1. 标准电池不允许倾斜，更不允许摇晃和倒置，否则会使玻璃管内的化学物质混成一体，从而影响电动势值和稳定性，甚至不能使用。凡运输后的标准电池必须静置足够时间后才能再用；凡被颠倒过的电池经考核合格后方可使用。

2. 不能过载。标准电池一般仅允许通过小于 1μA 的电流，否则会因极化而引起电动势不稳定；流过标准电池的电流不能超过允许值；不要用手同时触摸两个端钮，以防人体将两极短路；绝不

79

允许用电压表或万用表去测量标准电池的电动势值，因为这种仪表的内阻不够大，会使电池放电电流过大。

3.使用和存放的温度、湿度必须符合规定。温度波动要小，以防滞后效应带来误差。温度梯度要小，以防两电极温度不一致，若两极间温度差为 0.1℃，则会有约 30pV 的电动势偏差。因此，电池附近不能有冷源、热源，移动到新温度下时必须保持恒温一段时间后方可使用。

4.不应受阳光、灯光直射。因为标准电池的去极化剂硫酸亚汞是一种光敏物质，受光照后会变质，将使极化和滞后都变得严重。

5.标准电池的极性不能接反。由于齐纳二极管的端电压与反向电流在小范围内的波动几乎无关，也可将其作为电动势标准，用于仪器中，代替标准电池。

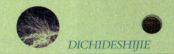
纳米电池 〉

　　纳米即10^{-9}米，纳米电池即用纳米材料制作的电池，纳米材料具有特殊的微观结构和物理化学性能(如量子尺寸效应,表面效应和隧道量子效应等。目前国内技术成熟的纳米电池是纳米活性炭纤维电池。主要用于电动汽车、电动摩托、电动助力车上。该

种电池可充电循环1000次，连续使用达10年左右，一次充电只需20分钟左右，平路行程达400km，重量在128kg，已经超越美日等国的电池汽车水平。它们生产的镍氢电池充电约需6—8小时，平路行程300km。

纳米电池由正负电极、电解质、聚合物隔离膜组成，纳米电池的负极材

组成的电池负极，由铜箔与电池的负极连接。电池的上下端之间是电池的电解质，电池由金属外壳密闭封装。纳米电池在充电时，正极中的Li+通过聚合物隔膜向负极迁移；在放电过程中，负极中的锂离子Li+通过隔

料是纳米化的天然石墨，纳米电池的正极是纳米化材料，采用由PP和PE复合的多层微孔膜作为隔离膜，并在电解质中加入导电的纳米碳纤维。电池的正极，由铝箔与电池正极连接，中间是聚合物的隔膜，它把正极与负极隔开，由纳米石墨

膜向正极迁移。利用嵌入/脱嵌过程，实现电池的反复充放电。采用的是卷绕式，制成14500、18650、26650等型电池。用铝箔收集正极电流并引出，用铜箔收集负极电流并引出。

● 电动车的蓄电

电动车电池 〉

现在的电动车上绝大多数装的是铅酸蓄电池，因为铅酸蓄电池成本低，性价比高。1860年，法国的普朗泰发明出用铅作电极的电池。这种电池的独特之处是，当电池使用一段使电压下降时，可以给它通以反向电流，使电池电压回升。因为这种电池能充电，可以反复使用，所以称它为"铅酸蓄电池"。

目前能够被电动自行车采用的有以下4种动力蓄电池，即阀控铅酸免维护蓄电池、胶体铅酸蓄电池、镍氢蓄电池和锂离子蓄电池。

电动车电池保养 〉

电动车用的电池是铅贫液酸电池。特点就是维护少，稳定性高，不加水、不跳灯，考虑到是电池自放电的原因，在过充状态，电池容易充胀失水。补水的方法是打开盖子，每个孔加10毫升至20毫升纯净水，最好用专门的电池用纯净水。切记不要随便加自来水，实在没有就买一瓶好点的水来加。加水后放置24小时，然后倒出多余的水盖上盖子。再次充电容易、能恢复，说明成功；如果不能，说明电池容量降下来不是失水造成。有几种可能，一是极板硫酸盐化，二是极板脱落。第一种情况可以修复，方法是大电流10A放电至单体电池至多伏然后再次充电，用两个充电器并联大电流充。一般能恢复至七成容量。一般小于500W电机的电动车才有可能修复。大电机的基本上属第二种，极板脱落是无法修复的，只能换电池了。

• 保养技巧

严禁存放时亏电。蓄电池在存放时严禁处于亏电状态。亏电状态是指电池使用后没有及时充电。在亏电状态存放电池，很容易出现硫酸盐化，硫酸铅结晶物附着在极板上，堵塞了电离子通道，造成充电不足，电池容量下降。亏电状态闲置时间越长，电池损坏越重。因此，电池闲置不用时，应每月补充电一次，这样能较好地保持电池健康状态。

定期检验。在使用过程中，如果电动车的续行里程在短时间内突然下降十几千米，则很有可能是电池组中最少有一块电池出现断格、极板软化、极板活性物质脱落等短路现象。此时，应及时到专业电池修复机构进行检查、修复或配组。这样能相对延长电池组的寿命，最大程度地节省开支。

避免大电流放电。电动车在起步、载人、上坡时，请用脚蹬助力，尽量避免瞬间大电流放电。大电流放电容易导致产生硫酸铅结晶，从而损害电池极板的物理性能。

正确掌握充电时间。在使用过程中，应根据实际情况准确把握充电时间，参考平时使用频率及行驶里程情况，也要注意电池厂家提供的容量大小说明，以及配套充电器的性能、充电电流的大小等参数把

握充电频次。一般情况蓄电池都在夜间进行充电，平均充电时间在 8 小时左右。若是浅放电（充电后行驶里程很短），电池很快就会充满，继续充电就会出现过充现象，导致电池失水、发热，降低电池寿命。所以，蓄电池以放电深度为 60%—70% 时充一次电最佳，实际使用时可折算成骑行里程，根据实际情况进行必要充电，避免伤害性充电。

防止曝晒。电动车严禁在阳光下曝晒。温度过高的环境会使蓄电池内部压力增加而使电池限压阀被迫自动开启，直接后果就是增加电池的失水量，而电池过度失水必然引发电池活性下降，加速极板软化，充电时壳体发热，壳体起鼓、变形等致命损伤。

避免充电时插头发热。充电器输出插头松动、接触面氧化等现象都会导致充电插头发热，发热时间过长会导致充电插头短路，直接损害充电器，带来不必要的损失。所以发现上述情况时，应及时清除氧化物或更换接插件。

电动车电池寿命短的原因 ❯

1.铅酸蓄电池工作原理方面的原因

铅酸蓄电池充放电的过程是电化学反应的过程，充电时，硫酸铅形成氧化铅，放电时氧化铅又还原为硫酸铅。而硫酸铅是一种非常容易结晶的物质，当电池中电解溶液的硫酸铅浓度过高或静态闲置时间过长时，就会"抱成"团，结成小晶体，这些小晶体再吸引周围的硫酸铅，就像滚雪球一样形成大的惰性结晶，结晶后的硫酸铅充电时不但不能再还原成氧化铅，还会沉淀附着在电极板上，造成

了电极板工作面积下降，这一现象叫硫化，也就是常说的老化。这时电池容量会逐渐下降，直至无法使用。

2.电动自行车特殊工作环境的原因

只要是铅蓄电池，在使用的过程中都会硫化，但其他领域的铅酸电池却比电动自行车上使用的铅酸电池有着更长的寿命，这是因为电动自行车的铅酸电池有着一个更容易硫化的工作环境。

①深度放电

用在汽车上的铅蓄电池只是在点火

时单向放电,点火后发电机会对电池自动充电,不造成电池深度放电。而电动自行车在骑行时不可能充电,经常会超过60%的深度放电,深度放电时,硫酸铅浓度增加,硫化就会相当严重。

②大电流放电

电动车20千米巡航电流一般是4A,这个值已经高于其他领域的电池工作电流,而超速超载的电动车的工作电流就更大。电池制造商都进行过1C充电70%、2C放电60%的循环寿命试验。经过这样的寿命试验,可达到充放电循环350次寿命的电池很多,但是实际使用的效果就相差甚远了。这是因为大电流工作增加了50%的放电深度,电池会加速硫化。所以,电动三轮摩托车的电池寿命更短,因为三轮摩托车的车身太重,工作电流达6A以上。

③充放电频率高

用在后备供电领域的电池,只有在停电时才会放电,如果一年停8次电,要达到10年的寿命,只用做到80次循环充电寿命,而电动车一年充放电循环300次以上很常见。

④短时充电

由于电动自行车是交通工具,可充电的时间不多,要在8小时内完成36伏或48伏的20安时充电,这就必须提高充电电压(一般为单节2.7—2.9伏),当充电电压超过单节电池的析氧电压(2.35伏)或析氢电压(2.42伏)时,电池就会因过度析

氧而开阀排气，造成失水，使电解液浓度增加，电池的硫化现象加重。

⑤放电后不能及时充电

作为交通工具，电动自行车的充电及放电被完全分离开来，放电后很难有条件及时充电，而放电后形成的大量硫酸铅如果超过半小时不充电还原为氧化铅，就会硫化结成晶体。

3.铅蓄电池生产方面的原因

针对电动自行车用铅酸蓄电池的特殊性，各个电池制造商采取了多种方法。最典型的方法如下：

①增加极板数量。

把原设计的单格5片6片制改为6片7

片制、7片8片制，甚至8片9片制。靠减薄极板厚度和隔板，增加极板数量来提高电池容量。

②提高电池的硫酸比重

原来浮充电池的硫酸比重一般都在1.21—1.28之间，而电动自行车的电池的硫酸比重一般都在1.36—1.38左右，这样可以提供较大的电流，提升电池的初期容量。

③增加正极板活性物质氧化铅的用量和比例。

增加氧化铅就增加了参与放电的电化学反应物质，也就增加了放电时间，增加了电池容量。

通过这些

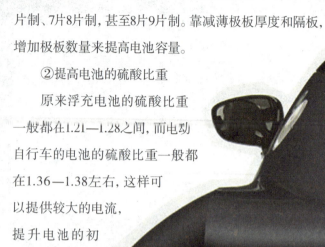

措施,电池的初期容量满足了电动自行车的容量要求,特别是改善了电池的大电流放电的特性。但是,极板增加了,硫酸的容量就减少了,电池发热导致大量失水,同时,电池的微短路和铅枝搭桥的概率增加了。提高硫酸比重增加了电池的初期容量,但是,硫化现象就更严重。密封电池的最基本原理之一就是正极板析氧以后,氧气直接到负极板,被负极板吸收而还原为水,考核电池这个技术指标的参数叫作"密封反应效率",这种现象叫作"氧循环"。这样,电池的失水很少,实现了

"免维护"，就是免加水。

为此，都要求负极板容量做的比正极板容量大一些，又称为负极过渡。增加正极板活性物质必然使得负极过渡减少了，氧循环变差了，失水增加了，又会造成硫化。这些措施虽然提升了电池的初期容量，但是会造成失水和硫化，而失水和硫化又会相互促成，最终结果却是牺牲电池的寿命。

4.电动自行车生产方面的原因

大多数车的控制器都留了一个线损插头，很多经销商以去掉限速来招揽顾客。一些车厂干脆就去掉限速器出厂，既可以吸引看重车速的客户，也能降低成

本，这样的车在高速行驶时电流非常大，会严重缩短电池寿命。

12V铅酸电池的最低保护电压为10.5V，如果是36V电池组，最低保留电压就是31.5V，目前大多数车厂采用的控制器欠压保护电压也都是31.5V。表面上看这是正确的，但是，实际当36V电池组只剩下31.5V电压时，由于电池存在容量差，肯定会有一个电池电压低于10.5V，该电池就处于过放电状态。

这时候，过放电的电池容量急剧下降，这时对电池的损伤影响不仅仅是该单只电池，而是影响整组电池的寿命。其实，在电池电压低于32V以后一直到27V，所增加的续行能力不到2千米，而对电池的损伤却非常大。只要出现这样的情况10次，电池的容量就会低于标称容量的70%。

另外，一些用户发现电池在欠压以后，过10分钟，电池又不欠压了，就又采取给电行驶，这对电池破坏更大，而大多数车的说明书没有给用户以警示。目前

多数控制器内部都有可调的电位器，而这个可调的电位器的振动漂移是比较严重的。在价格竞争中，面对更注重车外表的用户群，很少有产品采用抗振动的精密多圈电位器，这样的控制器发生振动后漂移也不奇怪。

5.充电设备的原因

业界广为流传的一句话就是：电池不是用坏的，是充坏的。为了满足电动自行车电池的短时高容量充电，在三段式恒压限流充电中，不得不通过提高恒压值到2.47V—2.49V。这样，大大超过电池正极板析氧电压和负极板析氢电压。一些充电器制造商的产品为了降低充电时间的指示，提高了恒压转浮充的电流，而使得允电指示允满电以后，还没有充满电，就靠提高浮充电压来弥补。这样，很多充电器的浮充电压超过单格电压2.35V，这样在浮充阶段还在大量析氧。

而电池的氧循环又不好，这样在浮充阶段也在不断地排气。恒压值高了，保证了充电时间，但是牺牲的是失水和硫

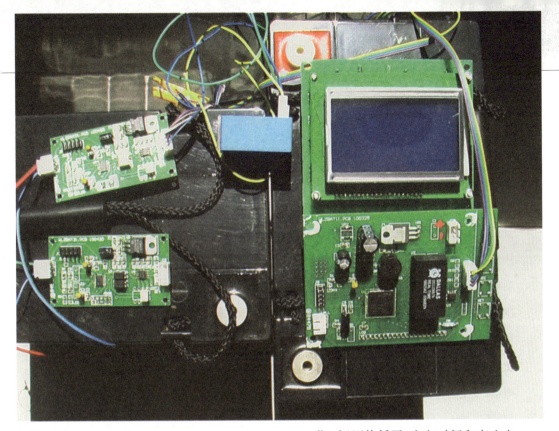

化。恒压值低了，充电时间和充入电量又难以保证。在改善电池的电池板栅合金、提高析气电位、改善氧循环性能，提高密封反应效率的基础上，控制充电最高充电电压在2.42V以下，也就是在析氢电位以下。这样做必然会导致充电时间的延长，这就必须在大电流充电（限流充电）的状态下，加入去极化的负脉冲，改善电池的充电接受能力，在大电流充电的时候多充入一些电量，缩短充电时间。70%的2C电流充电，是电池在充电接受能力比较大的时候，对电池采用大电流充电，对电池的损伤比较小。电池基本上没有高于严重析氢电压。

一旦高于析氢电压，电池也会快速地失水。使用这类充电器，必须采用连续充放电，如果中途停止几天充电，电池就会产生比较严重的硫化而提前失效。而用户使用电池，是无法保证每次使用以后都能够及时充电的，一年以内发生数次没有及时充电的情况，电池的硫化就会积累。多数充电器制造商都说车厂因为价格因素不接受可以保证电池寿命的充电器。应该承认，大多数小企业是如此，但是，有发展的、规模性大企业确实出高价也买不到好的充电器。一些充电器制造商把某些功能夸大，成品的功效没有其宣传

的那样好。还有不少功能是属于卖概念的功能，实效有限。

6.其他原因

不少电池在单体测试中，可以获得比较好的结果，但是，对于串连电池组来说，由于容量、开路电压、荷电状态、硫化程度各不相同，这个差异会在串联电池组被扩大，状态差的单体会影响整组电池，其寿命明显下降。

从电池在生产线上充电到用户购车后配车使用这段时间要经过很多环节，间隔时间甚至会长达数月，在这期间，由

于没对电池进行补充电,自放电产生的硫酸铅大量堆积结晶,用户刚买到的新电池可能是已经老化甚至报废的电池。

电池厂家在执行质保时,对回收电池并不是完全地淘汰。电池返退以后,电池制造商重新进行充放电检验,在检验中往往会发现有60%以上的单体电池是不符合返退条件的电池。其原因也就是在串联电池组中,个别的电池

落后形成整组电池功能下降而引起整组返退。不少电池制造商对返退电池采取配组、补水、除硫、包装后又重新提供给用户,以提高电池的有效使用寿命,降低报废率,减少电池制造商的部分损失,所以,很多经销商已经感觉到厂家提供的电池明显"一代不如一代"。

电动车电池如果使用得当,普通电池使用3年左右问题不大,反之,使用寿命大大减短。因此,消费者日常对电动车电池的保养是决定电动车电池寿命的关键所在。

手机与电池

手机电池是为手机提供电力的储能工具，手机电池一般用的是锂电池和镍氢电池。"mAh"是电池容量的单位，中文名称是毫安时。

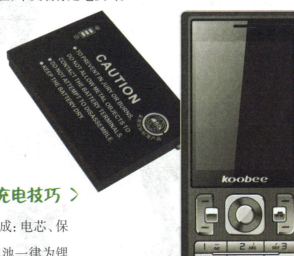

手机电池使用常识和充电技巧 〉

1.手机电池由三部分组成：电芯、保护电路和外壳。当前手机电池一律为锂离子电池（不规范的场合下常常简称锂电池），正极材料为钴酸锂。标准放电电压3.7V，充电截止电压4.2V，放电截止电压2.75V。电量的单位是Wh(瓦时)，因为手机电池标准放电电压统一为3.7V，所以也可以用mAh（毫安时）来替代。这两类单位在手机电池上的换算关系是：瓦时=安时×3.7。

2.过充、过放和短路会严重损害电池的性能，并有可能导致使用风险。为此，手机电池中一般有一块细长的保护电路板，用来预防这些风险。

3.充电器分为直充和座充。直充将220V交流市电转换为5V直流电，输进手机并由手机的充电电路降压给电池使用，一般购买手机时会有配送。座充则直接和电池相连，将市电转换为需要的电压给电池使用。

4.如果要使用座充，请尽量选择原装或质量优秀的产品。座充中的充电电

路若质量不佳，会存在充电风险。

5.锂离子电池没有记忆效应，但有惰性，长期没有使用可能有钝化现象，冲放几次可以恢复最佳效能。

6.充电前，锂离子电池不需要专门放电。有些快速充电器当指示信号灯转变时，只表示充满了90%，充电器会自动改变用慢速充电将电池充满。不过一般来说，只要显示充满，即可以取下。

7.为不损害电池寿命，充电时最好以慢充充电；时间无须过长。

8.手机电池存在自放电，因为过放会损害电池，手机电池若长久不用，应保证电池已有一定电量。

9.尽管我们的手机在网络覆盖区域之内，但在手机关机充电时，我们的手机已经无法接收信息和拨打电话了。此时，我们可以使用手机的未通转移功能，将手机转移到身边的固定电话上，以防止来电丢失，这种方法对于手机不在网络覆盖区域内或者信号微弱而暂时无法接通时也适用。

10.不要将电池暴露在高温或严寒下，像三伏天时，不应把手机放在车里，

经受烈日的曝晒；或拿到空调房中，放在冷气直吹的地方。当充电时，电池有一点热是正常的，但不能让它经受高温的"煎熬"。为了避免这种情况的发生，最好是在室温下进行充电，并且不要在手机上覆盖任何东西。

11.充电时不是时间越长越好，对没有保护电路的劣质电池充满后应停止充电。若长期不用时应使电池和手机分离。

在使用锂离子电池中应注意的是，电池放置一段时间后则进入休眠状态，此时容量低于正常值，使用时间亦随之缩短。但锂离子电池很容易激活，只要经过3—5次正常的充放电循环就可激活电池，恢复正常容量。由于锂离子电池本身的特性，决定了它几乎没有记忆效应。因此用户手机中的新锂离子电池在激活过程中，是不需要特别的方法和设备的。

手机电池第一次充电 〉

1.12—14小时的由来：第一代的镍镉电池，是需要小倍率充电的，一般建议充电电流1/10C，比如你的电池容量是600mAh的，那么1C就是600mA，1/10C就是60mA。因此，充满电需要10多个小时，对于镍镉电池，小倍率充电有好处。

2.目前手机所配的电池情况：手机全部使用锂离子电池，离我们印象最近的应该是1999年发布的3210，配的镍氢电池，在我们周围早已找不出用镍氢电池的手机了。

3.锂离子电池的知识：我们只说容量一方面。衡量一个锂离子电池的容量有两个检测方法：1C充、0.2C放；0.2C充、0.2C放，不管用什么充电制式，都应该达标。因为锂离子电池已经不同于以前的镍镉电池了，1C的高倍率充电已经可以平常接受，而且也是必须应该接受的了。而如果一个600mAh的电池以1C充电，1小时左右应该充饱了，如果手机直充是这样设计的（很多都是0.5C–0.8C），12—14小时是无稽之谈。

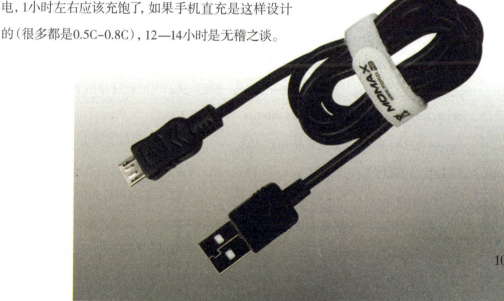

以GB/T18287 2000国家标准所规定的, 当恒流充电至4.2V, 转恒压, 当电流下降到0.01C时即认为充电终止。例如充电器充电电流是0.5C, 充600mAh的电池, 2小时左右充电电流会降到6mAh, 此时认为已经充饱。为什么会降到0.01C呢? 因为已经饱了, 这是电芯的反应。对镍氢电, 国家标准也已经规定了高倍率充放电的指标。

4.虽然充电2小时就饱了, 然后放电, 可以得到容量600mAh, 设计的容量达到了就可以了, 这有什么活不活的问题呢? 技术监督部门执行国家标准, 检测容量是用1C充电的, 然后放, 5次中有一次容量达到算合格。所以正常使用, 正常充电即可, 从新电池就这样用下去吧, 不用担心"激不活"。

5.现在的手机电池大多是锂离子电池, 用手机直充, 2小时左右已经满了, 这一步是横流充电所显示的结果; 剩下的时间恒压充电, 即涓流充电, 使得手机电池的容量更足, 待机时间更长。

手机电池真假鉴别 〉

1.待机时间的长短

电池待机时间的长短是衡量电池优劣的重要标志。电池待机时间的长短是由构成电池的单体充电电池的均衡性决定的。真的电池待机时间和说明书上标识的应基本一致。而假的仅有标识时间的一半。一些劣质的电池是用二手电池芯作内核,加上新包装组装而成的。销售者如不能保证待机时间与说明书一致,你就不能购买这种电池。有的销售者信誓旦旦,其实他也不知道电池的实际容量,只是随便口述而已。这种电池一般是用品质不良的电池芯制造。如果购买后发现待机时间短,应立即要求退换。

2.电池容量

电池容量是电池品质的重要参考依据,很大程度上决定了电池价格。一些假电池虚标电量,甚至没有容量标识,部分假电池有标识也字迹不清。可将电池拿到手机维修店去测量电流,以辨真伪。现在大家使用的手机电池都是锂离子电池,配上开关装置和保护电路组成的。所以它有一定重量。如果你买的锂离子电池太轻,说明电池芯容量不足,该电池可能有问题。一般900mAh的锂离子电池芯重量为35g,如果一块电池的电池芯加其他设备及电池外壳的重量不足35g,那这块电池可能就是假的。

3.安全性

手机电池是易燃易爆物品，如果电池内部没有保护电路，就极易变形、漏液，甚至爆炸。然而，部分劣质电池为了以低价吸引消费者，去掉了这块电路保护板，以赚取更大的利润。市场上这种不安全的电池还不少，大家从外观上很难识别。购买时最好选择大品牌或去正规的商场购买。

电池的质量取决于保护电路和电芯。目前市场上的手机电池电芯有使用软包电芯（国内习惯称聚合物电芯，尽管这种说法不严格）的，也有使用钢壳或铝壳电芯的。前者可以避免剧烈爆炸，但是依然存在燃烧和爆裂风险。

4.外观辨别

假冒伪劣电池存在的普遍问题是：电池内的核心部件，电池芯片的质量差，充电量不足，放电时间短，抗破坏性能差，所标电池容量与实际不符等。

目前市场上充斥着假冒伪劣的手机电池，使许多消费者的利益受到损害。正品的手机电池一般具有以下外观特征：电池标贴采用二次印刷技术，在一定光线下，从斜面看，条形码部分的颜色明显比其他部分更黑，且用手摸上去，感觉比其他部分稍凸，很多原装电池都有这种特点。正品电池标贴表面白色处用金属物轻划，有类似铅笔划过的痕迹。电池外壳采用特殊材料制成，非常坚固，不易损坏，一般情况下不容易打开电池外壳，电池外观整齐，没有多余的毛刺，外表面有一定的粗糙度且手感舒适，内表面手感光滑，灯光下能看到细密的纵向划痕。

电池电极与手机电池片宽度相同，电池电极下方相应位置标有"+""–"标记，电池充电电极片间的隔离材料与外壳材料相同，但并非一体。电池装入手机时应手感舒适、自如。电池锁按压部分卡位适当、牢固。电池标贴字迹清晰，有与电池类型相对应的电池件号。电池上的生产厂家应轮廓清晰，且防伪标志亮度好，看上去有立体感。

5.质地辨别

有一部分种类的手机电池，我们完全可以依照结合点质地坚硬与否的方法来鉴别出电池的真假。用力按下手机电池的圆拱形结合点，并用手指直接感觉一

下该结合点的软硬程度。通常情况，正品手机电池的结合点质地相对要柔软一些，而且还表现出一定弹性，特别是在将电池插入到手机中时，有一种光滑无阻塞，插入自如的感觉，而且松紧适宜，与手机配合很和谐，锁扣稳定可靠；相反，劣质电池的质地就比较坚硬一些了，而且电池在安装时，也不大容易"滑"入到手机电池槽中。

该方法的优点是，操作很简单，同样也适合"菜鸟"用户。缺点是鉴别准确率不高，而且鉴别范围有限。

6.包装辨别 每一块品质优越的手机电池，从外表看上去，都是整洁干净、色泽纹理非常清晰，表面外壳没有任何划痕与损伤之处；而且电池外壳上贴的标签，都应该包含类型、型号、容量、正负极标志、标准电压、电池厂商名等参数。此外，电池上的五金触片上，应该无划痕，也不应该有绿色或黑色霉点现象。倘若你挑选到的手机电池，与上面描述的正品手机电池，外观现象不相同的话，就可以基本认定当前购买到的电池是假货。

7.防伪辨别

一般正品的电池都贴有防伪标志，消费者可根据防伪标志登录官方网站去查看是否是真品，或者可以通过客服电话来确认。

● 电池回收

废旧电池简介 ＞

1. 电池的组成：干电池、充电电池的组成成分：锌皮（铁皮）、碳棒、汞、硫酸化物、铜帽；蓄电池以铅的化合物为主。举例：1号废旧锌锰电池的组成，重量70克左右，其中碳棒5.2克，锌皮7.0克，锰粉25克，铜帽0.5克，其他32克。

2. 电池的种类：电池主要有一次性电池、二次电池和汽车电池。一次性电池包括纽扣电池、普通锌锰电池和碱电池，一次性电池多含汞。二次电池主要指充电电池，其中含有重金

属镉。汽车废电池中含有酸和重金属铅。

3. 电池数量：DC、MP3等数码产品在以超猛的速度发展，而且都在使用着电池，电池的使用量在迅速增加，如果再不付诸行动的话，电池山的现象迟早会发生。

电池的世界

废旧电池的危害 ＞

环境的污染。电池对环境污染很严重，一节电池可以污染数十立方米的水。有的甚至说废电池随生活垃圾处理可以引起诸如日本水俣病之类的危害，还有一节5号废电池就可以使1平方米土地荒废。电池主要含铁、锌、锰等，此外还含有微量的汞，汞是有毒的。有报道笼统地说，电池含有汞、镉、铅、砷等物质，这是不准确的。事实上，群众日常使用的普通干电池生产过程中不需添加镉、铅、砷等物质。

人体健康的损害。废电池中含有汞、镉、铅、锌等重金属有毒物质。人若汞中毒，会损害中枢神经系统，死亡率高达40%；镉的主要危害是肾毒性，还会续发"痛痛病"（引起骨质疏松、软骨病和骨折），同时还是致癌物质；人体食用含铅的食物，会影响酶及正常血红素合成，影响神经系统。

废电池在填埋处理一个月内，其金

DICHIDESHIJIE

108

属外壳就会被腐蚀穿孔，废电池中的有害物质就会进入土壤、水体，对环境造成污染。据环保专家测试，如果6吨生活垃圾中混入1粒含汞电池，当这些垃圾进行填埋后，土壤中汞的浓度就会超过安全标准；若废电池混入生活垃圾进入焚烧厂，则其中的汞、镉等金属将会在高温下气化排入大气，使大气环境受污染，影响人体的健康。

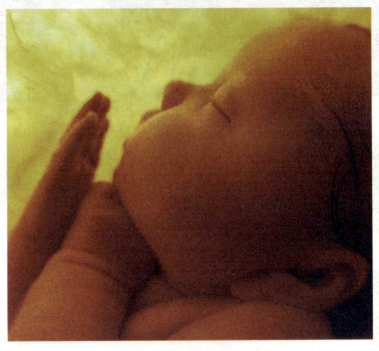

1粒纽扣电池可污染60万升水，等于一个人一生的饮水量。1节电池烂在地里，能够使1平方米的土地失去利用价值，所以把一节节的废旧电池说成是"污染小炸弹"一点也不过分。

我们日常所用的普通干电池，主要有酸性锌锰电池和碱性锌锰电池两类，它们都含有汞、锰、镉、铅、锌等各种金属物质，废旧电池被遗弃后，电池的外壳会慢慢腐蚀，其中的重金属物质会逐渐渗入水体和土壤，造成污染。重金属污染的最大特点是它在自然界是不能降解，

只能通过净化作用，将污染消除。

废旧电池的危害主要集中在其中所含的少量的重金属上过量的锰蓄积于体内引起神经性功能障碍，早期表现为综合性功能紊乱。较重者出现两腿发沉、语言单调、表情呆板、感情冷漠，常伴有精神症状。锌的盐类能使蛋白质沉淀，对皮肤黏膜有刺激作用。当在水中浓度超过10—50毫克/升时有致癌危险，可能引起化学性肺炎。铅：铅主要作用于神经系统、活血系统、消化系统和肝、肾等器官能抑制血红蛋白的合成代谢过程，还能直接作用于成熟红细胞，对婴幼儿影响

甚大,它将导致儿童体格发育迟缓,慢性铅中毒可导致儿童的智力低下。镍粉溶解于血液,参加体内循环,有较强的毒性,能损害中枢神经,引起血管变异,严重者导致癌症。汞在这些重金属污染物中是最值得一提的,这种重金属对人类的危害确实不浅,长期以来,我国在生产干电池时要加入一种有毒的物质——汞或汞的化合物,我国的碱性干电池中的汞的含量达到1%—5%,中性干电池为0.025%,全国每年用于生产干电池的汞具有明显的神经毒性,此外对内分泌系统、免疫系统等也有不良影响,1953年,发生在日本九州岛的震惊世界的水俣病事件,给人类敲响了汞污染的警钟。重金属污染威胁着人类的健康,人类如果忽视对重金属污染的控制,最终将吞下自酿的苦果,因此,加强废旧电池的回收就日显重要了。

1990年中国干电池产量为64亿节,2000年猛增至150亿节。目前,全国

年约需电池44亿节。电池在给人们生活带来便利的同时，也给生活环境带来相当大的负面影响。电池中含有许多有害物质，其中，Pb、Hg、Cd等重金属对人类及自然威胁极大。各类废旧电池中，锌占电池总量的13%—22%，锰占12%~20%，镉0.011%，铅0.1%—0.3%，汞0.004%，铁23%—26%，碳5%—6%，其他26%—47%。汞能溶解于脂肪，引发动物中枢神经疾病，致畸、致变、致癌甚至死亡；镉使骨质软化、骨骼变形，严重时形成自然骨折，以致死亡；锌的盐类使蛋白质沉淀，对皮肤黏膜有刺激作用；铅主要是导致贫血、神经功能失调和肾损伤，作用于神经系统、造血系统、消化系统和肝、肾等器官，抑制血红蛋白的合成代谢；镍溶解于血液，参加体内循环，损害中枢神经，引起血管变异；锰会引起神经性功能障碍，综合性功能紊乱，较重者出现精神症状。

废电池的回收 〉

废电池虽小，危害却甚大。但是，由于废电池污染不像垃圾、空气和水污染那样可以凭感官感觉得到，具有很强的隐蔽性，所以没有得到应有的重视。目前，中国已成为电池生产和消费的大国，废电池污染是迫切需要解决的一个重大坏境问题。

废旧电池也并非有百害而无一利，其中95%的物质均可以回收，尤其是重金属的回收价值很高。国外再生铅业发展迅速，现有铅生产的55%均来自于再生铅，其中废铅蓄电池的再生处理占据了很大比例。100kg废铅蓄电池可回收50—60kg铅。对于含镉废电池的再生处理，国外已有较为成熟的技术，处理100kg含镉废电池可回收20kg左右的金属镉。有人曾为废旧电池处理的经济效益算过一笔账：每天处理10万支电池，除

去各项费用后，可盈利1.9万—2.1万元，以70亿支电池50%的回收率计算，一年的利润6.6亿元。

据环保专家介绍，在废电池中每回收1000克金属，其中就有82克汞、88克镉，可以说，回收处置废电池不仅处理了污染源，而且也实现了资源的回收再利用。国外发达国家对废电池的回收与利用极为重视。西欧许多国家不仅

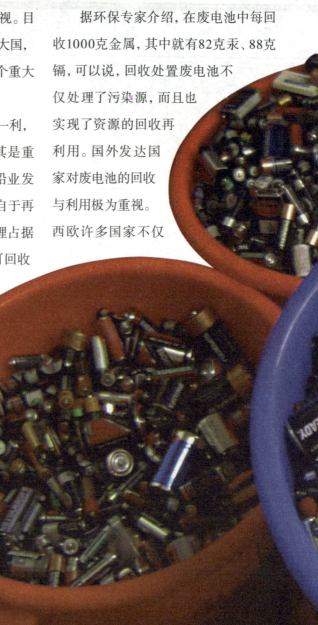

在商店，而且直接在大街上设有专门的废电池回收箱，废电池中95%的物质均可以回收，尤其是重金属回收价值很高。对于含汞电池则主要采用环境无害化处理手段防止其污染环境。而中国目前在这方面的管理相当薄弱。

推广无汞碱性电池，对废旧电池分散处理是比较妥善的办法。国内外的实验数据表明，一次性电池的污染控制提倡以电池生产的无汞化来实现，国家目前不鼓励以环境保护为目的的集中收集。

废旧电池的环境污染的确让人触目惊心，近年来，回收废旧电池送交有关机构集中处理一直被作为环保行动大力提倡，但是收集来的废旧电池如何处理却成为难题。北京、上海、石家庄等城市的回收机构都集中了100吨以上的废旧电池，而现有技术无法对这些废旧

电池进行处理。有关专家认为，解决废旧电池污染问题的根本方法是实现一次性电池生产的无汞化。

废旧电池对环境的污染主要来自电池中的汞和镉等化学元素，这些是电池生产过程中的添加剂。

中国电池工业协会公布了第一批11个无汞"绿色环保碱锰电池产品"，包括南孚、双鹿、火车、长虹、野马、高力、三圈等品牌的碱锰电池产品。这11家骨干企业碱锰电池都能够长期储存，电量稳定，而其汞含量均在0.0001%以下，其中南孚等3个品牌的碱锰电池的汞含量只有0.00002%，大大低于限量。这样的汞含量，接近甚至低于未被污染的土壤中自然存在的汞含量，废弃的无汞碱锰电池可以与生活垃圾混合收集和填埋。

处理。而这个人的一家三口却仅靠妻子每月1000元工资生活。这个人叫王自新。

王自新本来是个医生，后来下海挣下了百万家财。1999年他开始关注废电池回收及处理问题，于是他倾其所有筹建了废电池回收仓库，并通过自己的研究得到了废电池处理的专利证书。但这条路并没有走通，他也因此变得一贫如洗，一家三口只能靠妻子每月1000元工资维持生活。家里人表面对他的这种行为表示着不理解，可依然默默地帮他完成着心愿：妻子在王自新离开的时候经常会帮忙整理家中的废电池，尤其是家中的老父亲，经常会帮助他接听社会来电，回

300万节电池是什么概念？一节一节连接起来可以绕地球几圈，足足有60吨重。有一个人用了7年的时间把这300万节电池从饭店、加油站、百姓们的手中一节一节收集起来，并送到了相关地方进行

答关于电池回收的问题。资金与家庭的压力并没有让他对环保的热心停止，因为没有资金他便走进各大饭店，让饭店把废电池暂时存下，再由他把这些电池乘公交车运回家，家中存放到一定数量后就统一送到垃圾转运站进行特殊填埋。他又联系加油站，在加油站设立废电池回收箱，到现在他已经联系了上百家饭店，还设立了废电池回收热线，形成了属于他自己的回收"网络"。王自新从医人转向了医环境。王自新有时很伤心，因为平常走路他总爱低着头，寻找路上有没有被乱扔的电池，这种行为经常会遭到路人的议论，嘲笑讽刺的话经常听到；公共场所的电池回收箱经常会被垃圾纸屑填满；在接听环保热线时很大一部分人要求他上门回收电池，说如果你不尽快来我就把电池扔掉了……

他说，我国电池的消费量是每年4800余吨，被回收的却不足 200 吨，很多人还认识不到这种污染的危害。王自新想制作更多的废电池回收箱，放进更多的小区，让更多人参与到废电池回收的行列中来。

回收流程与国内外回收处理概况 ＞

1.回收流程与处理方法

不同种类的电池的成分也不同, 所需的处理方式、处理技术有很大差别。国际上通行的处理方式有3种: 固化深埋、存放于旧矿井、回收利用。含汞电池(干电池)的处理: 对于含汞较低的电池, 主要采用固化的方法进行处理, 固化后填埋。对于含汞较高的电池, 如普遍使用的碳锌电池和碱性锌锰电池, 有湿法与火法处理方法。湿法冶金有焙烧浸出法和直接浸出法。火法冶金分为常压冶金法和真空冶金法。目前, 瑞士、日本、瑞典、美国等国主要采用火法冶金工艺。含铅蓄电池的处理上世纪90年代初采用的铅酸蓄电池再生工艺主要分为机壳解体、分类(铅粉、铅泥、小块铅合金、铅渣)、再生等。近年来, 我国对废铅蓄电池回收利用技术的开发又有了新的突破——火法冶炼再生铅工艺, 此项技术具有回收效率高、污染小等特点。

含镍电池的处理目前有干法与湿法两类。干法工艺主要利用镉及其氧化物蒸气压较高的特点和镍分离。湿法工艺利用硫化镉和硫化镍容度积的差异，控制一定条件，使镍、镉分离。

锂离子电池的处理它的工艺为先将电池焚烧以除去有机物，再筛选去铁和铜后，将残余粉加热并溶于酸中，用有机溶媒便可提出氧化钴，可用作颜料、涂料的制作原料。

2.我国及一些国家废旧电池的回收处理概况

我国每年电池的生产与消费量可达140亿节，占世界总量的1/3。但目前我国对废电池的管理和回收还处于空白。现在的主要问题是：回收难，大多数人还不具备自觉回收废旧电池的环保素质；没有处理和再利用的措施；处理技术还没有根本解决，这也是一个世界难题，特别是一次电池，原材料品种太多，增加了处理难度；回收处理作为产业发展必须在经济上可取，亏本买卖难以可持续发展。

目前国外的废电池回收处理体系基本上已经步入正轨。德国已经做到全部收集，分类处理。对于毒性较大的电池必须标有再生利用标识，生产商与销售商必须回收所有废电池，经销商必须将有标识和无标识的电池分类，生产企业必须建立再生利用和处理设施。对所有的废电池首先考虑再生利用，对于不可再生利用的废电池必须按照废物管理法的规定进行妥善处置。生产中要进一步降低电池中的重金属含量，尤其要降低碱性锌锰电池的含汞量，积极开发对环境危害小的新产品；美国是废电池环境管理立法最多最细的国家，不仅建立了完善的废电池回收体系，还建立了多家废电池处理厂，同时坚持不懈地向公众进行宣传教育，使公众自觉地配合和支持回收工作；日本回收处理废电池一直走在世界前列，一次性电池对环境影响的研究和回收利用工作都已经展开，铅酸电池可以100%回收。

据日本电池工业会介绍，2000年是日本实行"3R计划"的第一年，变过去的"大量生产、大量消费、大量废弃"为现在的"循环、降低、再利用"。

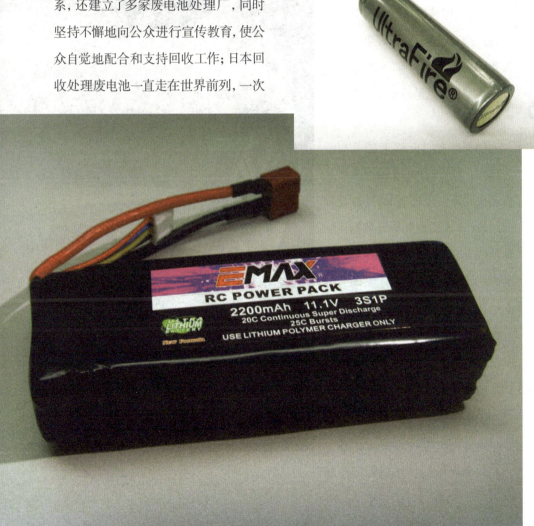

给废电池找个家 〉

地球上什么工业产品的循环利用率最高？答案不是塑料，不是铝罐（回收率近50%），甚至不是废纸（回收率约70%），而是铅酸蓄电池。但是，关于这个有毒玩意的事情还没有完。

在传统汽车生命行将结束之际，人们对即将到来的电力驱动汽车时代翘首企盼，包括纯电动车插入式混合动力车等等。作为核心部件的动力电池更是被很多机构和投资者看好。

但是，人们正越来越关心一个问题：那么多电动车的电池组是否会成为另一个环境的负担？要知道，一个小小的纽扣电池就能污染大约60万升水，相当于你一辈子喝水的总量；而一节传统的含汞1号电池烂在地里，能使周边1平方米的土地失去任何农用价值。当前欧盟国家每年共售出80万吨汽车电池、19万吨工业电池和1.6万吨家用电池。当电动车的时代来临之后，全球的数字还将更加恐怖。

如果说那些使用过的电池组

将像垃圾一样被堆在路边，又有点言过其实。因为即使当汽车电池的使用寿命结束之后，一个用过的锂离子电池仍然保留着其大部分的储藏能量的能力。很多分析师都预计，废旧电池的二手市场将会大幅增长。

但是，反对者担心的是，一旦这成为现实，就需要很大的一个基础设施建设去收集这些废弃的电池组，然后还要重新评估它们的价值，再将它们向消费者重新销售。这可以在短期内实现吗？

说得没错，但现在有一个很现

美国环境保护署

成的例子，就是汽车中装载的用于启动汽车的常规12伏铅酸蓄电池。这种电池每年都要被装载到7000万辆新制造的汽车上，因其含有铅和硫酸，是垃圾场里最危险的物品之一。

根据美国环境保护署的统计，仅在美国，每年差不多需要耗费1亿颗汽车启动电池，其中有99%已经被回收和循环利用。因为美国的用户如不把废旧电池交回制造商、零售商或者批发商，每买一节新的蓄电池要多付3美元至5美元。

一颗12伏常规电池中，将近97%的铅能够被回收利用。

而电解液，尤其是硫酸，可以被中和，然后派上其他用场，比如转换成硫酸钠，做成肥料或者染料。即使是电池的塑料外壳，也能被重新利用。

中国现在到处都能够看到电动自行车，其电瓶也大多是铅酸蓄电池。电动自行车的电瓶是易耗品，平均使用1年左右就要更换。浙江绿源电动车有限公司品牌中心经理丁霄表示："目前报废的铅酸蓄电池，基本上可以修复，修复后效率可达新电池的80%以上，第二次修复效率也有50%以上。"

该公司当前的做法是：针对任何品牌的电动车和汽车的铅酸蓄电池，对尚可

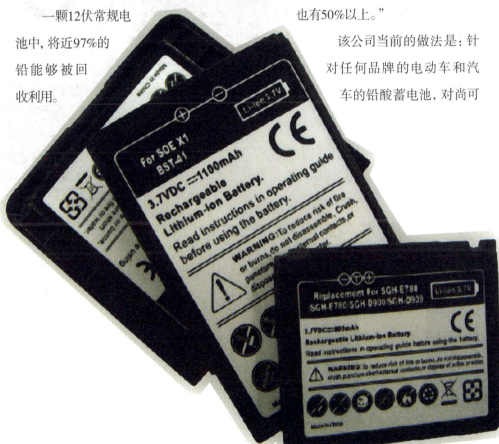

123

修复的，通过专用技术进行修复，重新投入使用；对彻底损坏不能修复的铅酸蓄电池，回收后交由有资质的铅锌处理企业，提炼再生铅。

不少省、市也明确规定，市场上销售的电动自行车，凡购买新电池者必须交回废电池，否则不予出售新电池。但是这种回收工作并不总能做好。环保组织铁匠基金会认为，世界上最严重的10个污染问题之一就是错误拆除铅酸电池造成的。

有很多回收废品的是一些地下加工厂，他们将回收来的铅酸蓄电池存放在不具备条件的空地或仓库里，加工过程也没有资质，造成了铅的大量浪费和三废的大量排放。

在瑞士和日本，每处理1吨废电池，政府要补贴废电池处理企业约合人民币5000元；而在韩国，电池厂家每生产1吨要交一定数量的保证金，用于支付回收者、处理者的费用，并指定专门的工厂进行处理；还有的国家对电池生产

企业征收环境治理税或对废旧电池处理企业进行减免税等。

经过长时间的发展，铅酸蓄电池早已进入成熟期，并曾一度广泛应用到电动客车上。但其容量低、体积大、污染严

重的种种缺点，使其逐渐被汽车企业弃用。相比之下，锂离子电池的单位重量储能高，价格也不昂贵，基本无毒。因此现在的新能源汽车普遍倾向于采用磷酸铁锂和锰酸锂电池。

世界上第一辆使用锂离子电池的汽车是梅赛德斯–奔驰2009款的S400混合动力车——越来越多的其他汽车制造厂商也开始做同样的事情。

同时，回收电池也成为电动汽车制造厂商无法回避的问题。在全球混合动力车市场占据大半江山的丰田汽车公司，已经为其经销商就如何正确处置像普锐斯汽车上那样的废弃的镍氢电池组而建立了标准程序。

接下来，就要看各国政府的表现了。

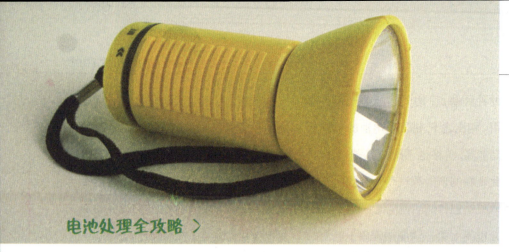

电池处理全攻略 ＞

• 碱锰电池

常用设备：碱锰电池可用于任何设备，从照相机和手电筒到遥控器都会使用它。

回收方法：丢进普通的垃圾桶。因为在碱锰电池中已经停止使用汞。如果你决定把碱锰电池扔进垃圾桶的话，你可以采取以下措施来防止泄漏：1. 将多个电池装在同一个塑料袋里；2. 用胶带封住各个电池的两端。

回收结果：回收这些电池可以获得钢和锌，这是两种很有价值的金属。

回收结果：加热将高温金属镍和铁从低温金属锌和镉中分离出来；有些金属在融化后会凝固，而其他则作为金属氧化物再处理。

• 镍镉电池

常用设备：镍镉电池即是廉价版的可充电式碱性电池，可进行上百次的充电。很多名牌的可充电电池往往是镍氢电池。

回收方法：小常识，镍镉电池价格的一部分包括了回收处理所需的费用。由于含有毒的镉金属，不可丢弃在垃圾场中。在超市，会有镍镉和镍氢电池的回收点。

• 锂离子电池

常用设备：锂电池采用的是一种最先进的可充电技术，通常用于手机和电子消费品。这些电池也可以作为电动车的电源。

回收方法：不要储藏或把锂电池扔到垃圾场，原因之一是，当它们接触高温时，有可能会过热和爆炸。大多数情况下，处理手机、笔记本电脑等电子设备的公司也会处理这种电池。因此，你可以轻易地找到回收场所。

回收结果：这些电池的回收方法与镍镉电池相同，以生成有用金属。

除了其尺寸较小外，扣式电池的其他特点包括储藏寿命较长，以及可在低温下照常使用。

回收方法：氧化银电池和其他扣式电池含汞，因此必须回收。大多数情况下，会有专业人士来替换这些电池，因此可以问问他们能否帮你回收电池。

• 氧化银电池

常用设备：这是一种比较普遍的扣式电池，通常用于计算器、助听器和手表中。

回收结果：通常会在回收过程中被压碎，以回收有用的重金属。

购买了新电池，可事先询问关于旧电池的回收方法。

回收结果：回收时，铅酸电池会被分为塑胶、铅和硫酸。聚丙烯塑胶会被再加工成新的电池壳；铅片会被再加工，以用于新的电池中。酸会被中和掉，并通过污水处理厂进行清洁；不然的话，就会被转化成硫酸钠，用于衣服清洁剂中。

• 铅酸电池

常用设备：用于为自动化设备供电，如汽车、船只、摩托车。

回收方法：与其他电池类似。如果你

127

图书在版编目（CIP）数据

电池的世界 / 孙炎辉编著. -- 北京：现代出版社，
2016.7 （2024.12重印）
ISBN 978-7-5143-5216-0

Ⅰ.①电…　Ⅱ.①孙…　Ⅲ ①电池—普及读物　Ⅳ.
①TM911-49

中国版本图书馆CIP数据核 （2016）第160847号

电池的世界

作　　者:	孙炎辉
责任编辑:	王敬一
出版发行:	现代出版社
通讯地址:	北京市朝阳区安外安华里 504 号
邮政编码:	100011
电　　话:	010-64267325　64245264（传真）
网　　址:	www.1980xd.com
电子邮箱:	xiandai@cnpitc.com.cn
印　　刷:	唐山富达印务有限公司
开　　本:	700mm×1000mm　1/16
印　　张:	8
印　　次:	2016年7月第1版　2024年12月第4次印刷
书　　号:	ISBN 978-7-5143-5216-0
定　　价:	57.00元